U0146952

行銷數位轉型下的
品牌管理與傳播

陳一香　陳茂鴻
吳秀倫　黃燕玲　著

五南圖書出版公司 印行

目　錄

Chapter 1

典範轉移的品牌傳播

學習目標

1. 了解有哪些數位科技正在改變品牌傳播。

2. 學習可以追蹤哪些數據使品牌傳播更有效果。

3. 學習新一代的品牌管理與傳播架構。

品牌傳播的典範正在轉移中！品牌透過行銷工具傳播給受眾，二十世紀是大眾行銷的世紀，類比的電視、廣播、報紙、雜誌等四大媒體，是當時行銷最重要的傳播管道。大眾傳播的單向、一對多的特性影響行銷傳播的做法，特別是在廣告與公關，在媒體上的極短時間或有限版面發揮高度創意吸引目光、朗朗上口成為大眾行銷的廣告典範；公關則是透過創造新聞事件吸引大眾媒體爭相報導，達到宣傳的目的。直效行銷從名冊地址條發展到以資料庫儲存，資訊系統由大電腦到迷你電腦、個人電腦，儲存容量增加，運算速度變快，到上世紀末，資料庫行銷已經發展成CRM系統，可以計算顧客終身價值，根據RFM分群，用印表機印出地址條，郵寄直接信函。有一批精打細算的消費者每天從報紙上剪下折價券或促銷訊息，參加零售店促銷活動。

　　在上個世紀，品牌傳播的成敗的最終結果是實體零售店的銷售數字，在得到這些數字之前，仍需要執行完一檔的品牌傳播活動，想要提前知道廣告是否有成效，市調是當時能提前知道消費者的態度的最好方式，靠著抽樣與還可以接受的信心水準，推估傳播的結果，A-I-D-A模式的四階段除了最後的購買行動外，其餘都只能靠市調的推估結果。二十世紀的品牌人員在做完新品上市活動之後到銷售量顯著上升的這一段時間，只能看廣告造成的迴響。品牌人員無法追蹤個別的消費者到底處在哪一階段？有哪些消費者是有購買意願？即使是市調，也是得到一個粗略的資料。

　　羅馬不是一天造成的，典範的轉移早在二十多年前，當時美國柯林頓總統開始推動資訊高速公路開始，網際網路就從軍事、國防、學術走向商業應用與家庭。由於網路的基礎建設、頻寬等種種限制，以及當時的個人電腦的運算速度、圖形顯示能力都不佳的狀況，在當時，很難想像架構在網際網路上種種的應用，到現在卻改變品牌實務，而這個改變不僅僅影響品牌工作者，也開始衝擊到學校的教學。

　　在人手一機的當代，隨時隨地透過搜尋引擎，蒐集產品資訊與別人的評論口碑，從電商下單，電商會根據顧客的喜好推送折價券，消費者

的購買行為早已大不相同。面對新時代的消費者，品牌傳播必須有新的做法來因應，本書的目的是協助品牌工作者與學校教師，理解風起雲湧的數位科技帶來品牌傳播的典範轉移。

1.1 數位科技改變品牌傳播日常

　　早期影像、聲音用類比的錄影／錄音儲存，透過放大功率再經由無線電輸送到每個家庭的電視與廣告。類比放大與傳輸過程中都會遇到失真與雜訊，以前在收訊不好的地方，電視影像是模糊不清，這意味著資料在傳輸過程中有遺失。由於無線電頻寬的關係，傳統透過無線電波的電視與廣播，都要在有限的頻寬中分配頻道。由於電視與廣播單向且一對多的特性，所以只能以固定時段的節目播放。廣告只能在節目中的有限廣告時段爭取消費者的注意，高價的電視廣告費讓廣告只能在短短不到1分鐘，甚至是30秒內，吸引消費者目光而留下深刻印象。精雕細琢的廣告製作成為典範，朗朗上口的廣告詞，洗腦式的廣告歌，特殊的影像呈現，都是企圖讓所製播的廣告在稍縱即逝的廣告時段中脫穎而出。另一方面，在平面的雜誌與報紙則必須在昂貴有限的版面，發揮打破框架的創意，讓讀者不會「選擇性忽視」。

　　「數位」是電腦運算的基礎，透過0與1的無限組合，構成了數位的世界。所以影像、聲音在早期都必須數位化才能由電腦處理運算，後來，連輸入裝置如錄影機、相機、錄音筆都數位化，因此可以從資料一開始輸入儲存就是數位資料，網際網路的傳輸也是數位格式，所以資料可以被壓縮、錯誤可更正，大大提升了影像、聲音傳輸後的品質，失真與雜訊不再存在，資料可以一直保持正確。被壓縮後的數位資料也大幅降低儲存與傳輸的容量，原本因為無線頻譜而受管制的電視、廣播頻道，透過網際網路可以不再受限，所以網路原生的媒體頻道也如雨後春筍成立，甚至企業可以擁有自己的媒體。

近年來傳統大眾媒體逐漸式微，自媒體興起，品牌傳遞訊息、塑造形象的互動管道愈發多元，連帶影響到全球品牌傳播環境的演變。這波數位浪潮造成傳播業產生巨大變動，品牌傳播業逐漸轉型為策略顧問角色，透過專業的媒體分析及行銷策略指導，讓更多政府與企業品牌在和媒體接觸上，發揮更大溝通效益。

行銷學之父科特勒論述，過去企業從「產品導向」的行銷1.0時代到「消費者導向」的行銷2.0、「價值導向」的行銷3.0，至今已發展到「虛實整合體驗導向」的行銷4.0時代，更著重在虛實整合的全通路體驗，而促成行銷4.0誕生的最大推手就是網路社交媒體，未來公眾可恣意透過社交媒體，協同參與企業訊息產製的整個過程，也可以自由地針對企業、品牌或產品發表意見與深度互動，甚至期望看到企業對於環保、社會議題，有更多社會責任，提出有效的解決方案。

行銷4.0與以往行銷3.0所談的4C有些不同，以往行銷3.0談到的4C是指顧客端，現在行銷4.0談的4C是商業化，從產品轉向著重共同創造（co-creation），價格轉向著重浮動定價（currency），通路轉向著重在共同啟動（communal activation），推廣轉向著重於對話（conversation）。

這些改變帶動了虛實整合的新顧客體驗路徑，過去傳統的4A路徑在今日數位科技的影響下發展成5A路徑，從認知（aware）、態度（attitude）、行動（act）、再行動（act again），轉變成為認知（aware）、訴求（appeal）、詢問（ask）、行動（act）、倡導（advocate）。從過去著重在衡量顧客保留率，以重複購買視為顧客忠誠度指標，轉換為定義忠實擁護者不一定是實際購買者。顧客路徑也不一定是固定路徑，也從以往銷售、銷售、再銷售的舊思維，進化轉變成享受、體驗、參與，讓消費者不再和你只有購買者與銷售端的關係，而是從這裡變成你的品牌支持者、產品與理念的推廣者。

【自媒體】

與類比形式的大眾媒體最大的不同是網際網路具有雙向互動能力，讓觀眾可以從固定的播放時間表轉變成隨時可以看與聽，所以YouTube、Netflix解放了很多人的時間，眼球開始從大眾媒體移開，電視收視率下降、報紙訂閱率下降，廣告開始轉移到網際網路這個新戰場。網際網路的雙向互動也讓消費者可以搜尋自己想要的資訊，企業也發現不一定要透過大眾傳播媒體才能讓消費者獲得商品資訊，自己建置網站也能達到這個目的，於是企業開始重視官網，起初只是把公司簡介與產品型錄放上去，後來開始建置更多的內容，甚至把線上購物下訂單都放上去了。在自己的媒體中，可以用文字、圖片、影音、購物體驗盡情表現。不再受限於時段與版面，企業可以用最詳細的文字、圖片與影音，盡情地表達企業的理念、品牌的主張與產品的特色。而且可以一直放在自媒體上，不用下架，消費者隨時都可以觀看，反覆看，這些都是大眾媒體時代無法做到的。

但是在大眾媒體的經營者如電視臺，都會擁有一群專業的團隊，用專業的設備，製作出引人入勝的節目內容。當企業決定要自營媒體後，初期可以由外部廠商協助建立與產製內容，但經營自媒體是永續的工作，這時，小編（團隊）與科技設備就變成必要的投資。自媒體上的內容的可讀性與更新速度，會影響網站的重複到訪率與搜尋引擎的排名，精彩的內容會被網友分享，可以擴散給網友的朋友。能全權掌控的自媒體，是現今企業最應重視與投資的媒體。消費者可以在自媒體中找到最正確、最完整的資訊，企業可以在自媒體呈現最美好的一面給所有利害關係人。

但是，自媒體就像開了一家門市，如果在熱鬧的商圈中，川流不息的人潮自然會經過店前；在冷門的街道上，除非熟客或左鄰右舍，不然也不會有人知道。所以自媒體通常得從別的地方導流量進來，最基本的流量來源是搜尋。搜尋引擎優化與關鍵字廣告，可以協助關心品牌的消

費者輕易找到。

【搜尋引擎】

當網路上的網站與資訊愈來愈多，搜尋就成為上網最重要的事情之一。每當我們想要了解某一項資訊，不再記憶網址，只要輸入關鍵字，搜尋引擎就會跑出結果。例如：想要到歐洲旅遊，通常會在Google上搜尋歐洲旅遊的相關資訊，看看別人推薦的行程、旅行社、住宿、航班等。搜尋引擎讓我們在茫茫網海中，可以快速找到想要的訊息。

但是當企業與商家發覺自家媒體被放在搜尋頁的很後面，開始擔心無法被消費者找到，這時關鍵字廣告可以讓品牌關鍵字在前幾頁被看到，吸引顧客點擊。適當地應用關鍵字廣告，可以改善自然搜尋的排名。任何形式的線上、線下廣告都可以有效增加關鍵字被搜尋的頻率，進而增加企業自媒體被觀看的次數。谷歌公司免費提供的Google Analytics（簡稱GA），則能讓企業得知自己的官網及每一網頁被瀏覽的次數，也可以知道這些訪客來自於搜尋、直接到訪或是社群媒體分享而來。

【社群媒體】

社群網站從網路還在以數據機撥接時代的校園BBS中就已經存在，五花八門的討論區，交換著問與答，分享了人生、課程、購物上的種種。網際網路讓社群網站更蓬勃發展，開箱文讓許多人可以獲得除了官網資訊外的另一種商品使用資訊，但各家品牌英雄好漢與支持者，也常常在社群網站上開戰攻防。但因為消費者在搜尋時會看到這些分享與討論，由眾多社群網站構成的社群媒體已成為行銷人員的重要戰場。

社群一直存在，只是以往的社群必須在實體場域發生互動，交流意見與情感。所以大多發生在鄰近地理區域內，距離太遠會造成聚會的困難，讓社群不容易維持。網路突破地理疆界，讓天涯若比鄰實現，透過

網路隨時隨地都可以交換意見、分享見聞，社群媒體成為大眾媒體、自媒體之外的重要媒體。

透過社群媒體，親朋好友與我們即時分享生活中的點點滴滴，許多重大的事件，目擊者可以在一瞬間轉發給成千上萬的網友。商品的開發與使用，也可以分享在社群媒體上，有任何的商品購買與使用問題也可以向社群求助。網友的推薦與否也開始成為我們購買的重要參考資訊。詳細的開箱文，讓我們可以真實看到商品的大小，開箱使用的細節。

相對於大眾媒體的高成本，透過部落客、網紅或大大小小的影響者來行銷，是一種相對低成本與更精準的行銷方式。網友的口碑擴散，可以讓商品爆紅。搭配自媒體，除了可以協助導流到自媒體之外，網友可以再分享、推薦。在臉書上，也可以透過廣告接觸潛在的目標客層，擴大社群的影響力。

如同「水能載舟，也能覆舟」，社群可以將好商品快速擴散，但也讓品牌危機迅速爆發。許多商品的瑕疵，變成網友的抱怨，如果抱怨成為集體的抱怨，網友發覺這是共通性的問題，快速串聯，甚至大眾媒體也注意到，變成新聞報導，在短短幾個小時，如星火燎原，一發不可收拾。由社群媒體釀成的危機處理，成為當代重要課題。

【智慧型手機】

智慧型手機隨時隨地上網，澈底改變消費行為。在有網際網路沒智慧型手機的時代，消費者仍會上網搜尋、購物，但一旦上街，除非是用腦袋記住或列印出來，不然購買習慣仍是一如往常，看到想要的商品就購買，除非回家上網查一查，再上街購買。

但智慧型手機打破了線上、線下二元世界的界線。消費者在實體店面看到商品，仍可以立即上網搜尋是否有更便宜或其他更適合的型號。實體店面受限於空間，即使賣場再大，都只有將暢銷商品擺在店中，冷門商品頂多用型錄來輔助，但即使冷門商品仍可能是有小眾的需求。所

以現在的消費者往往在逛街時看到一項心儀的商品，但實際的購買卻是用手機在線上購買，線下的實體店面常常淪爲消費者可以實際體驗或試用的場域。在結合手機支付與電商快速到貨服務下，使用手機購物的比率正快速攀升。

【電子商務】

　　有了網際網路之後，就有人想在網路銷售商品，受限於當時的頻寬、網路安全與相關的金流與物流，許多電商是從網路上展示商品開始，就像型錄一樣，把商品的照片、說明、售價等放上網路，配合當時能使用的金流，如銀行或ATM匯款，再用當時的物流體系，將貨品送到指定地點。但緩慢的上網速度，讓使用者飽受挫折；不太安全的金流，容易流出個資；不夠快速的物流，讓消費者寧可直接上實體店面購買。但隨著電腦、網路、資安、金流、物流不斷地進化，以及新世代的消費者，電子商務的便利性逐漸取代了傳統的實體店面，成爲消費者在購物中的重要通路。

　　許多消費者喜歡在線上蒐集商品資訊，比較價格，比起實體店面的有限空間，在線上可以展示更多的商品項目，更詳細的商品資訊，也常常會找到比較便宜的價格。但線上購物也容易買到尺寸不合、產品瑕疵的商品或是遭受賣家的惡意欺騙，但電商以提供退換貨服務與信用評等或第三方支付等方式，來降低買家被騙或買到不滿意的商品。現階段線上電商已經處於成熟階段，消費糾紛已大幅降低。

　　隨著物流體系不斷地優化，24小時到貨、6小時到貨，甚至更快的送貨速度都在發生。例如：一個上班族想要買一臺筆電，如果打算到實體店面購買，他得在晚上下班後才能前往3C賣場，即使到了賣場經過挑選後購買，回到家可能是八、九點之後。但如果消費者一大早就從網路下單，他可能下班回到家就已經拿到筆電，甚至是在還沒下班前在公司就拿到了筆電。對這位消費者而言，線上電商提供了豐富的選擇、便

利的付款方式、快速取得商品，卻不用額外花時間上賣場挑選。由於愈來愈多的人感受到線上購物的方便，導致實體賣場上門顧客正在快速減少當中。

【平臺經濟】

傳統市場與百貨公司就是一個媒合買賣雙方的雙邊平臺，但以往的實體市場需要買家與賣家同時前往才能交易，市場的空間也限制賣家家數與買家人數。在網際網路上，完全沒有空間的限制，再多的賣家都可以上網開店，即使有上千萬件商品，買家仍是可以透過搜尋快速找到與比較出自己喜歡的商品，而且是24小時全年無休營業。

所以平臺經濟在網際網路上快速發展，有別於一般供應鏈的上下游關係，平臺提供互動機制去滿足雙方或多方的需求，並從中獲利。透過正向的網路效應，平臺得以快速發展。電商的開店平臺是典型的雙邊平臺，Amazon、阿里巴巴、臺灣的PChome商店街、Yahoo超級商城等都是很好的例子。在臺灣飽受爭議的Uber（優步），媒合開車的人與需要移動的人，成為沒有擁有汽車的租車平臺。Airbnb則是媒合想要短期出租房屋與想要租賃房屋的雙邊需求，成為全世界最大的租屋平臺。

平臺可以提供自家的廣告空間給平臺上有需要導流的任一方，許多開店平臺，都提供平臺首頁廣告、品類首頁廣告或透過策展方式，突顯某些品牌或商品。

【全零售：線上與線下整合零售】

隨著線上的開店與廣告成本逐漸上升及流量紅利的消失，加上消費者有試用體驗的需求，實體店面又重新受到重視。所以，結合線上與線下的全零售概念被提出來。但不是擁有線上與線下都算是全零售，而且線上、線下的會員、商品、價格、庫存、物流都能整合在一起，才能稱為全零售。

在幾年前，一項商品在線上與線下有價差是常有的事，特別是有經銷商的商品，原廠難於統一也不應該統一商品的價格，但是現今消費者可能會在實體店面看到某一項商品時，上網查詢線上電商是否有更低的價格？如果有，消費者可能就直接線上下單，實體店面就變成只剩展示商品的功能，卻賣不出商品的窘境。

愈來愈多的品牌走向全零售，讓顧客在線上與線下無縫接軌感受完美體驗，是全零售追求的目標，品牌需要隨時辨識來客是否為既有顧客？而這些顧客有哪些習性與偏好？能提供怎樣的個人化的推薦？讓整個消費過程的等待、挑選、結帳等都能迅速且愉快地完成。

【大數據與人工智慧】

在智慧型手機與社群媒體的普及後，資料的產生量快速增加。例如：很多人看到美景或是驚奇事物後，隨即拿起手機拍照或錄影，接下來一按分享，就快速擴散。這些大量非結構化資料，跟原本就已不斷累積的結構化資料，再加上物聯網（IoT）由機器裝置所產生的資料也大量儲存於雲端，於是大數據的時代來臨。搜尋而來的意圖，社群媒體中所表現出的價值觀與生活型態及交友圈，開啟衛星定位的移動資料。一些以往品牌人員不容易取得的資料，目前充斥在雲端，受個資法的保障，許多個人隱私資料被保護。但妥善地規劃、運用資料，仍是能讓品牌人員用更精準的方式做行銷。

不管顧客來自於線上或線下，結合衛星定位、RFID、iBeacon或人臉辨識系統，能夠辨識來客是生客或是熟客，給予不同的招待；在購物時，根據過往的消費紀錄給予建議；顧客在社群媒體上抱怨，可以即時處理，在釀成危機前，可以疏導消弭。已經存在的大數據，讓品牌人員不用再做市調就可以更直接了解消費者的購買決策階段，不管只是在起心動念階段，或是決定下訂階段，只要能蒐集取得相關大數據就能判斷與採取行動。

但人類並不擅長處理大量的數據，所以人工智慧的知覺辨識、機器學習、深度學習等功能，可以不眠不休地以極快處理速度，輔助人類更快、更即時做出決策。大數據與人工智慧不僅應用在行銷上，當大數據與人工智慧應用於生產製造，精準預測需求、快速排程、減少庫存浪費，讓每一個生產機臺發揮最大效率。應用在銀行業，促成金融科技的快速發展，銀行業大幅縮減人力，關閉分行。

1.2 可追蹤的行銷數據

資料與數據都是英文data的中譯，所以是互通的名詞，只是某些情境習慣用某個詞。。

整理過的資料是資訊，做任何的決策都需要資訊來輔佐判斷優劣得失，企業對於外部顧客，想要買什麼產品？如何選擇並下決定購買？是不是過程中因為某種因素而讓顧客臨陣脫逃，改買其他品牌的產品？在以前透過問卷而得到的統計分析報告或是進行焦點團體座談，捕捉了顧客的模糊輪廓與決策模式。但在數位的年代，消費者的數位足跡卻提供了更即時且真實的資料，讓企業得以一窺消費者的動態。

現在的消費者從起心動念想要購買某項商品，許多人可能會試著透過搜尋引擎獲得更多資訊，或是電商平臺直接查看有哪些品牌型號可供購買？價位又是如何？當難以做購買決策時，消費者又會看看或是問一下社群網站，請網友、鄉民提供一些意見。這些不經意的日常動作，都可能被記錄下來，於是企業就知道有哪位消費者對某項產品是有興趣的。來看了幾次的產品說明頁？是不是有打算購買，但仍在比價？是不是已明確下訂單了，卻因為付款或出貨問題而取消？

新零售的概念讓線上與線下更是整合在一起，只要是線上的會員也是線下的會員，反之亦然！所以該享有的優惠折扣，線上、線下都是一樣；線上看了產品的顧客到線下購買，在線下試用體驗的顧客到線上購

買，以目前的科技都可以無縫串接。企業彷彿裝了透視的天眼，可以即時掌握所有現在與潛在顧客的所有消費行為。

透過消費者的搜尋、分享照片與影片、網頁瀏覽、衛星定位資訊與物聯網後所有裝置上網的資訊，全世界儲存的資訊量正快速累積增加，特別是在「非結構化資料」也被儲存後，這種前所未有的大量資料量，被稱為big data ── 大數據或巨量資料來表示。這麼大量的資料要能成為有效的資訊來讓企業做出正確的決策，已經不是傳統的統計分析就可以即時處理，所以要用大數據的分析工具或是以人工智慧來幫助人類快速處理、分析資料，變成決策有用的資訊。

行銷資料的記錄、追蹤、優化成為「數據驅動行銷」的基礎，有哪些行銷資料可以被拿來運用呢？有1.意圖資料、2.社群大數據、3.電商購買資料與4.顧客資料，茲分述如下：

【意圖資料】

消費者在網際網路上的搜尋關鍵字、瀏覽網頁、下載白皮書、觀看影片、發表意見與觀點、將商品移入購物車等種種行為都會留下「數位足跡」，因為這些行為都會透露消費者的意圖：想要做某件事、被某項商品吸引、有興趣研究商品內容、有欲望想要購買。消費者行為專家曾提出AIDA模型、AIETA模型、效果層級模型、DAGMAR模型等不同的模型，目的都是為了說明任何品牌傳播活動，都在消費者的心中做出了改變，但在以前除非消費者到零售店購買，不然這些消費者的內心轉折，只能透過市場調查，以統計抽樣方式獲得推估的結論，再以這些結論判斷品牌傳播活動成果的成敗。

但在消費者留下大量的數位足跡之後，這些意圖資料成為品牌傳播最有用的參考資訊。掌握了意圖資料，品牌人員就能在消費者展現意圖之際進而推銷自家產品，伴隨著搜尋而來的關鍵字廣告，精準地出現在消費者的眼前，影響了認知與決策。下廣告給有興趣的顧客變得容易

了，一個正在瀏覽嬰兒用品的網友，可以提供更多其他嬰兒相關用品的廣告。廣告再也不是考慮檔期、版面時段與收視率，而是精準下給可能有興趣的人看到。再配合GA或其他軟體工具，企業品牌人員可以追蹤廣告的成效，即消費者是否點擊、是否前往商品登入頁。

現在的品牌人員很幸運地得以一窺消費者的內心世界，並在適當的時間點可以給予適當的資訊，協助消費者擁有更美好的消費體驗。掌握並善用「意圖資料」是新世紀消費者必備的技能。

【電商購買資料】

如果搜尋是在消費者起心動念的階段，那在電商瀏覽挑選、放入購物車、結帳等，就是進入購買決策階段。在這個階段，消費者基本上已經打算購買，只是如何購買？價格是否可以接受？收到貨品的時間？付款方式？都會左右購買決策。在電商網站中，消費者通常會登記成會員，所以電商經營者比搜尋引擎更能辨識上網者的身分。通常消費者瀏覽商品頁多次，代表已經有購買的打算，移到購物車，幾乎是確定購買。如果一直放著或又被移出，可能是預算不足或是找到更便宜的購物網站。在結帳過程中取消，可能是付款方式太麻煩。退貨則可能是商品品質不良或是不符合消費者的需求。

【社群大數據】

在網路上除了意圖資料外，還有活躍在社群的資料。在社群中透過點讚、發布照片或影片、發表對某事件的觀點、轉發別人的文章等，在這過程中，消費者提供了「生活型態」的資料。生活型態資料是由AIO：Activity活動、Interest興趣、Opinion意見所組成。所以由社群網站所捕捉的資料，不單只是看出消費者對某項商品的興趣，更能看出這名消費者具備什麼生活型態。

消費者常常在社群中分享與討論商品的購買與使用心得，或是未購

買前的尋求意見。這些種種討論加上新聞報導的轉貼能被分析成「網路聲量比」，聲量大代表關注的人多，如果正面意見又占大多數，接下來就會影響購買的行為 —— 市占率。雖然聲量比與市占率未必是正相關，但對品牌商而言，如果品牌缺乏討論絕對是警訊。

　　網路的負面聲量，必須隨時監測，星星之火可以燎原，網路爆發危機常常在幾個小時就會發生。當負面聲量快速累積時，積極的介入與處理才能快速消弭。

【顧客資料】

　　有些企業會使用顧客關係管理系統來記錄顧客所有的交易資料，已存在的舊有顧客資料仍是品牌行銷傳播最好的原點，透過分析現在顧客的輪廓可以更精準去接觸潛在顧客。長期累積的資料配合顧客的年齡可預測未來的需求，忠誠度高的顧客願意推薦給其他的顧客。

　　來自於搜尋與社群的到訪者，如果沒有與現有的顧客資料結合，就不容易區分出來到自媒體的網民究竟是新顧客或舊顧客，也無法為既有的顧客提供更好的個人化體驗與推薦商品。

　　彙整顧客資料、意圖資料、社群資料與電商資料這四種資料成為CDP（顧客資料平臺），將能提高新產品開發的成功率、消費行為的轉換率、提升顧客的滿意度，進而增加銷售量與企業營收。

1.3 新一代品牌傳播

　　數位科技的快速發展與可追蹤的數據，已經改變了以大眾媒體為基礎所發展出來的品牌傳播方式。品牌人員從以前只要面對被管制的大眾媒體到開放的大眾媒體，還有在網際網路上發展出來的自媒體與社群媒體，現在接觸顧客的方法更多元了，也使得行銷預算從傳統的大眾媒體行銷流向自媒體與社群媒體行銷。

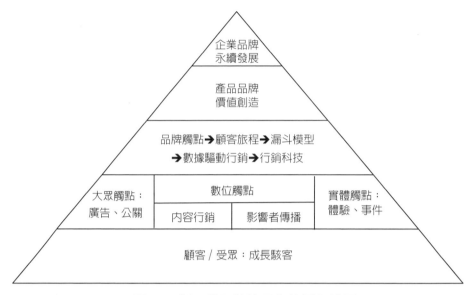

圖1.1　新一代品牌管理與傳播架構圖

資料來源：智策慧品牌顧問公司。

　　企業品牌是討論品牌的最佳起點，因為許多企業會將企業品牌直接當作產品品牌。對大部分的臺灣企業，建立起「品牌領導」──以品牌領導企業追求卓越是當務之急，而使「品牌領導」企業成功，最重要就是建立「品牌文化」。想要成為領導品牌，必須要獲得顧客的認同，要創造出顧客喜愛的品牌文化，也唯有文化才能讓品牌可長可久，屹立不搖。許多人覺得只有直接面對消費者才是品牌，但只要能在顧客心中烙印下品牌名稱，而採購時會想要購買這個品牌，都是在打品牌，所以即使在B2B，仍是需要做品牌。要素品牌是B2B打品牌的一種特別形式，甚至可說是B2B2C打造模式，要素品牌直接與消費者溝通，讓消費者指名要買內含此要素的商品。聯合品牌與集體品牌都是品牌打群架的方式，特別在小微品牌，需要集合眾人之力，才能在市場獲得成功。

　　企業品牌的永續必須透過聆聽各利害關係人的聲音，並正確地回應需求，才能達到永續發展的目的。想要提升企業品牌形象的最佳方式，

就是CSR社會責任行銷。品牌在搜尋引擎上排名與找到的文章、在谷歌地圖或電商上商家評價、在社群網站的正負面口碑等，都會構成品牌聲譽的一部分。現今的品牌已經無法在電視廣告自信地自吹自擂自己是天下第一，消費者可以透過很多管道，去得到品牌真實的狀況。在網路，聲譽危機就像星星之火一樣，隨時被引燃，所以需隨時聆聽並處理。

品牌價值是打造品牌的成果展現，所以知道品牌的價值是如何創造出來，打造品牌的方向才不會搞錯。品牌主張與品牌觸點是品牌價值的兩大來源。區分企業品牌與產品品牌，將能釐清兩者之間錯綜複雜的影響。企業品牌面對所有利害關係人，產品品牌只面對顧客，而大部分的品牌研究也只針對顧客，所以產品品牌是一般人所認知的品牌。當消費者有需求想要購買某一商品時，通常會先想到要購買哪一類的商品，例如：想買近年來很熱門的氣炸鍋，然後再去比較各種不同品牌的功能、價格，所以了解顧客的品牌決策後，就能清楚知道品牌攸關性與差異性在打造品牌過程中是很重要的。

當企業擁有過多的品牌，各自單打獨鬥，自闖一片天，彼此老死不相往來，在各品牌間築起高高的防火牆，即使有單一品牌陷入危機，也不致於牽連其他品牌。但如果把各品牌組織在一起，團結力量大，品牌可能更容易成功，而且以目前品牌價值的計算，是把品牌組合在一起，價值就會加總。品牌組合策略正是說明如何把品牌組合在一起，以達成更大的綜效，卻不影響各自品牌的獨特性。

品牌打造就是指一個品牌從沒有人聽過到快速成長、家喻戶曉的品牌。即從了解品牌權益與品牌價值開始，品牌做對了，價值就會提升，品牌價值是衡量品牌成功的重要指標，要提升品牌價值需要有獨特鮮明的品牌主張，並把品牌主張貫注在品牌觸點上，顧客會從品牌觸點去感受與評價這個品牌的主張，把觸點加上時間軸變成顧客旅程，再形成行銷漏斗模型，透過數據不斷地優化，提供顧客最佳的體驗，使品牌快速成長。

新一代的品牌傳播，從清楚地區分企業品牌與產品品牌，並會追蹤

打造品牌過程中的相關數據，並以行銷科技輔助後，接下來是針對數位觸點的兩個媒體：自媒體與社群媒體分別討論。在自媒體上，企業必須產製內容，以豐富的內容、較快的更新頻率，來吸引顧客與粉絲不斷地重複到訪，也必須從別的地方導流過來，包括搜尋引擎、社群媒體、電視廣告，甚至是戶外廣告、實體店面等，形成由外而內行銷（outside-in marketing）。直播網紅是當今熱門話題，許多網紅產值與收入驚人，甚至吸引明星投入網紅。以人當媒介來傳播而達到行銷目的的影響者行銷（influencer marketing），也成為熱門顯學。

許多人喜歡到演唱會的現場感受現場的震撼，雖然在線上我們可以看到或聽到，但要聞到、觸摸或嘗到等全沉浸在品牌的世界中，仍是需要在實體空間才能感受到。各式各樣的品牌實體活動，帶給粉絲更多的衝擊與難忘體驗。而線上、線下的整合（O2O），也使體驗與事件有全新的風貌。

謹慎處理所有觸點，從數據找出該優化的觸點，既能創造美好的體驗，也能引領顧客與品牌共創共舞，極大化品牌價值，這是新一代的品牌傳播的終極目標。

Chapter 2

企業品牌管理

學習目標

1. 了解企業品牌不只對行銷有幫助，也對企業尋找人才、財務表現有幫助，而且互相影響。

2. 學習品牌文化的建立與如何用品牌故事傳遞品牌文化。

3. 了解B2B品牌與B2C品牌打造上的異同。

4. 了解要素品牌的定義與打造方式。

5. 了解如何與其他品牌聯合打造品牌。

2.1 與生俱來的品牌

　　企業品牌是討論品牌的重要起始點，為什麼呢？因為企業品牌名稱是在企業創立時就確定的。在產品市場，企業品牌可以直接當產品品牌的主品牌，或是當產品品牌的背書品牌；在勞動市場，企業品牌可以是僱主品牌；在資本市場，企業品牌可以成為股市明牌，而且會互相影響，雖然是產品熱賣而造成股價大漲，但居高不下的股價也會讓購買產品的消費者有信心，股價高的企業也容易獲得年輕人想要求職。有優秀的員工，更能研發出好的產品。

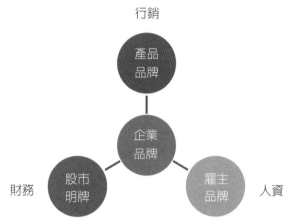

圖2.1　全方位企業品牌管理三大構面

資料來源：智策慧品牌顧問公司。

　　企業品牌會直接或間接影響產品品牌，許多特性都會從企業品牌轉移至產品品牌，例如：品牌形象、品牌聯想、品牌聲譽等。企業品牌是很好的發電機，可以供應產品品牌源源不絕的電力，所以做好企業品牌，絕對是做品牌的最重要的第一步。企業的規模與擁有的資產，企業的所在地，招募的員工，營運的績效……，只要企業的規模大到一定的程度，都會被報導或揭露。相對於產品品牌只需要專注顧客，企業品牌

必須面臨360度的利害關係人，包含員工、投資人、社區、政府、銀行跟顧客等，所以打造企業品牌的識別、形象、聯想、知名度、忠誠度，都必須考慮到所有利害關係人。因此，企業品牌的接觸點，就不能只是以購前、購中、購後與影響觸點來區分。所有的關係與印象，都是在接觸點一點一滴累積起來，所以管理企業品牌的利害關係人，也就是要管理企業品牌的接觸點。

不管是作為產品品牌的主品牌或是背書品牌，企業品牌都是一項重要的資產與槓桿，只要企業品牌權益夠強大，推出新產品品牌就會比較容易成功。例如：王品集團旗下的西堤、陶板屋、石二鍋、藝奇……新品牌不斷推出，也幾乎得預訂才有座位。但企業品牌發生危機，產品品牌也會受影響，為了能持續提升企業品牌的正面能量，企業必須善盡企業社會責任。一個產品品牌很難完全切割企業品牌，但做好企業品牌，卻對產品品牌有極大助益，成功的產品品牌也能幫企業品牌加分。

【雇主品牌（employer brand）】

雇主品牌是企業品牌的一個重要構面，對許多臺灣的B2B企業，未必願意花錢在產品品牌上，但會希望能成為一個好的雇主品牌，可以吸收到更好的人才。換另一種說法，是這些企業誤把做品牌這件事侷限在產品品牌上，卻不知道做好企業品牌也能對雇主品牌有所助益。

就業相關的雜誌，每年都會調查與公布年輕人最嚮往的企業。對企業而言能招募到每一年最優秀的畢業生，就是未來競爭力的保障。全世界的知名企業每年都要競逐這些優秀的畢業生，至於是否能順利吸引到這些人才，就要視雇主品牌做得好不好。同樣地，吸引到好人才也要能留得住，所以吸引並留住人才就是雇主品牌最重要的工作。雇主品牌分為對內與對外兩個部分：對外部分，就是在潛在的人才中建立品牌，讓潛在人才願意來工作；對內部分，讓人才願意在企業工作，成為人才心目中的最佳工作場所。

雖然雇主品牌似乎跟產品品牌不同，但其實打造方式卻是一樣的，只是因為傳播對象不同，所以做法上有點差異。品牌主張與接觸點同樣適用在雇主品牌的打造上，只是目標對象由消費者與顧客轉移到現在與未來潛在的員工。要為現在與未來的員工找出吸引力的員工價值主張，並在這些員工可能的接觸點上貫徹品牌主張，才能吸引與留住人才。針對未來的人才，也要規劃設計「候選人旅程地圖」，為吸引最佳人才做好每一環節，讓人才在求職階段就對公司有最佳的印象。

【股市明牌】

當企業股票上市上櫃後，股價與重大資訊常常成為投資者關注的焦點，自然而然也增加了許多曝光的機會。股價的高低反應了經營成果的優劣，也自然會進一步反應在一般民眾對該企業的相關產品的喜好。

特別是臺灣的製造業，通常是以B2B為主，例如：台積電股市的表現構成了民眾對台積電的主要認知。但如果是多角化的企業集團，同時有B2B與B2C的事業體，即使上市的公司是B2B企業，但由於在股市的曝光，也會增加消費者對B2C的信任。

【企業品牌形象與識別系統】

所以對企業品牌的品牌聯想總和，就會構成企業品牌形象。有些人會覺得企業品牌形象，不就等於企業形象，為什麼需要多加「品牌」兩字呢？那是因為如果有些企業將企業品牌直接當作產品品牌時，產品品牌形象會帶回企業品牌形象，所以加了「品牌」兩字，可以比起「企業形象」與「產品印象」更清楚地說明企業品牌與產品品牌之間的脈絡。

除了消費者、員工與投資者三種利害關係人對企業品牌有直接關聯外，其餘的利害關係人對於企業的評價與期待，就成為企業重要的社會責任，所以對公益事業的投入，通常也會改變對企業品牌的印象，例如：奇美實業投入在奇美博物館的建造與營運。

許多人做品牌常常引用企業識別系統（CIS）的架構，CIS包含了理念識別（MI）、視覺識別（VI）、行為識別（BI），其中理念識別（MI）等同於品牌願景，行為識別（BI）接近於品牌文化。但如果一家企業有多產品品牌的話，就是發覺CIS的架構並不太適用於產品品牌，特別是在MI與BI的規劃與應用，因為這本來就是針對企業品牌。

● 2.2 品牌領導與品牌文化

消費者與員工都喜歡跟隨著偉大的品牌，但每一個偉大的品牌都是從小做起，所以領導者的雄心壯志會鼓舞員工不斷前進，研發製造更美好的產品給消費者，消費者的購買、使用與分享成為品牌進步的動力。所以每一個品牌應該都要編織出一個偉大的夢想，並相信夢想會實現，且成為自我鞭策的動力。

「品牌領導」是相對應於「品牌管理」，強調不是只有管理品牌，而是領導人應該領導全公司投入做品牌，帶領各部門齊心做好跟品牌有關的所有工作。打造品牌絕對不只是「品牌部門」的事情，而是全公司的大事，公司必須投入必要的投資，傾全公司之力做好品牌。

尤其以製造文化為主的臺灣企業，打造品牌需要從文化變革開始，從「製造文化」改變成「品牌文化」。文化變革的成功與否取決於領導者的決心，因為領導者通常是文化變革的最大阻力來源。企業文化的形成，大多都與領導者的價值觀有關，在創業初期，領導者的價值觀吸引並篩選志同道合工作夥伴，進而形成核心幹部，而這些核心幹部再以類似的價值觀為公司招募新人，並社會化這些人。

除非領導者換人，通常企業領導者必須先改變自己，並對外宣示做品牌的決心。特別是這一點，對以代工為主的企業，將面臨抽單的風險，所以令許多企業踟躕不前，但不是所有做代工的企業都會面臨這樣的風險。許多企業另創新事業，由新企業的領導者來開啟企業品牌之

路，這對代工企業來講，可能是較好的抉擇。

　　文化的基礎是由基本假設、價值與信仰所構成，企業文化的改變要從企業的經營基本假設、企業願景與價值觀，到人為事物。重要的是領導班子都要換腦袋，要改變做生意的方法。製造思維追求產量，品牌思維重視顧客，除了追求顧客的購買，也希望獲得顧客的認同。所以企業的願景與價值觀要隨之調整，根據新的願景與價值觀，再進行新的品牌視覺識別、儀式與典禮，以及品牌故事的塑造。

【品牌文化】

　　品牌文化與品牌內化都是屬於企業品牌的議題，企業文化有主文化與次文化，如果企業內有某一產品有自己的產品品牌文化，通常也是企業品牌的次文化。品牌內部化是指要讓顧客感受品牌，產品與服務仍是得由員工傳遞給顧客，有喜愛自己企業品牌的員工，才能讓更多顧客喜愛這個品牌，成功的雇主品牌能加速品牌內化。

　　要讓品牌被所有員工認同，但依據品牌的主張貫注在所有產品與服務上，企業必須做很多的努力。領導人要公開宣示決心，投入品牌的承諾，所有部門都應該知道為了品牌的成功該做哪些的努力，員工必須熟知品牌主張，公司應該定期表彰或獎勵對品牌有功同仁。績效管理標準，是要根據品牌的願景與目標訂定。

　　要形塑品牌文化最有效的方式是根基於企業品牌的價值觀與願景，發展出英雄與傳奇故事、透過典禮表彰有功於品牌的人與事，透過儀式反覆讓員工熟稔，甚至透過有趣的遊戲，讓員工自然而然地接受與習慣打造品牌所有的工作。當人類還住在山洞中，說故事是把先人的價值觀傳遞給後人的最佳方式，引人入勝的情節，令人嚮往的英雄，故事中表彰的人、事、物都是透過價值觀突顯，變成活靈活現的傳奇故事，世代相傳。

　　要讓員工接受全新的文化，是一種漸進式的過程。有些員工會擁抱

新文化，但許多員工會抱持觀望態度，接下來才接納、接受，活在「品牌」文化中。所以文化變革並非一蹴可幾，高階領導人的決心與耐心缺一不可。

【品牌文化與品牌認同】

顧客因為認同品牌文化而購買該品牌的商品，將品牌的願景、核心價值與個性擴散到全體員工，形成品牌文化。企業文化與品牌文化是否一樣？如果企業文化改稱為企業品牌文化，對應產品品牌文化，答案就不言而喻。如果一家企業的產品品牌就是直接由企業品牌當主品牌時，企業文化自然無法由企業品牌文化區分出來。但是當產品品牌是全新命名時，產品品牌會自成一種次文化，這種次文化有企業文化的影子，且有更多產品品牌自成一格的文化。

大部分的品牌打造過程中，通常只將品牌文化擴散到員工，取得員工的認同，但這只是做了一半，因為最重要的部分是透過認同品牌文化的員工，再將品牌文化傳遞給消費者，讓消費者認同，其中能增進人類進步與福利，消費者會認為那是企業該盡的社會責任，特別能贏得消費者的推崇。所以在品牌文化中的核心理念通常會符合普世價值，例如：改善世人的健康、增進社會的進步，也有一部分是符合目標客層的願景，願意加入品牌的陣營，一起努力茁壯。

圖騰／標誌是一種認同的象徵，國徽、族徽、家徽都是以圖騰來代表一群認同彼此的群體，所以將品牌名稱設計成一個圖騰、logo，讓認同品牌的人，都能辨識並喜愛這個圖騰。一個偉大的品牌通常也會有一個高瞻遠矚的創辦人，所以創辦人常常會變成品牌的象徵物或代言人，像蘋果的賈伯斯、微軟的蓋茲與鴻海的郭台銘，幾乎都跟品牌畫上等號。除了標誌與創辦人之外，有些品牌另外設計吉祥物或象徵物，例如：綠巨人玉米、家樂氏的東尼虎。

來源國印象也構成品牌文化的一部分，例如：日本人的精薄短小、

德國人的一絲不苟、北歐人的設計感。來源國有時強烈影響大眾對品牌的看法，因為我們相信當地的文化會影響當地人在設計、生產商品時的態度與品質。所以在打造品牌時，來源國是需要謹慎處理，可以強調也可以淡化，特別是在全球生產的年代，有時品牌的製造國可能比來源國重要。但不可諱言的，有些消費者對某個國家會有比較多的好感，比較願意購買該國籍的品牌商品。

　　共同體是品牌追求的目標，品牌透過文化來強化認同，形成一個共同體，品牌彷彿成為領袖、明星一樣地被粉絲吹捧，例如：果粉與米粉，或是形成緊密互動的社群。企業可以從粉絲獲得更多購買行動支持之外，更寶貴的是，粉絲可以提供未來研發商品的許多創意。當粉絲與品牌形成共同體時，自然形成了偏好。品牌的成功就像康納曼（Kahneman）在《快思慢想》所講的模式1 —— 快想，當消費者想要購買某項產品時，看到認同的品牌後不加思索地就購買，因為消費者相信品牌、信任品牌。如果消費者還會進入「模式2 —— 慢想」，開始考慮性價比時，品牌離成功就還有很大的努力空間。

【文化變革】

　　對許多以製造為主的企業來講，追求穩定、重視品質不斷改善，提升良率、降低成本，管理的注意力幾乎放在內部，所以在品牌文化的最大挑戰是來自文化的變革。一般而言，製造業都是採取機械式組織結構，以官僚文化（或稱科層文化）為主，追求標準化大量生產、嚴謹的作業流程讓品質不良的狀況降至最低。策略著重在內部流程的改善、成本的降低等，但品牌得注意終端使用者的需求變化，必須了解並回應顧客的需求，這是傳統製造業最弱的部分。

　　所以追求創新的文化，就成為製造業打造品牌的重要議題。許多企業以為只要配合客戶來客製化規格就是創新，很大的原因是因為企業無法接到顧客主要的大單，顧客只把主要供應商不想生產的訂單，再詢問

其他廠商來承接，通常這些非標準化、特殊規格的訂單，數量不大，不容易有生產的經濟量。真正的創新應該能從終端消費者的未被滿足的需要或待完成的工作開始，研發出競爭對手難以模仿的商品。

對以傳統文化為主的製造業，要做到全員文化變革成創新文化，反而可能破壞原本穩定的品質，所以通常建議直接成立打造品牌的全新公司，重新塑造全新文化，再由創新文化的子公司將成功的經驗逐漸擴散到企業其他公司或部門。

對一個歷史悠久的企業來說，要鼓勵創新的文化，最好的做法是舉辦內部的創意創新競賽，透過創意創新競賽，一方面可以蒐集員工的創意，另方面讓員工知道公司真的想要推動創新文化，把具有可行性的創意落實執行，更可讓員工看到公司的決心。如果在績效管理的標準中，能把創意的提案列入考核，更可以激勵員工隨時創新改善的機會，讓全員都投入在創新的氛圍中。

【品牌故事】

故事一直是傳遞品牌文化最好的方式。由一個不知名的平凡人在克服困難、打敗敵人終於成為大英雄的高潮迭起的傳奇故事，在印刷尚未出現的年代，許多傳奇故事就以口耳相傳，一代傳一代。故事裡的英雄都符合某種信仰的價值觀，例如：為國為民的郭靖、精忠報國的岳飛、講義氣的關公，而這些價值觀也在傳頌故事的同時深植人心。

故事中所褒貶的人與事，通常背後隱藏的就是組織的價值觀，例如：王品的企業憲法：「任何人均不得接受廠商100元以上好處，違者唯一開除。」所以收一朵花或一包肉乾的員工，都會被開除的故事就被流傳開來。透過這樣的故事，王品的新進員工很快就知道公司極端重視收賄這件事。

不論是內部員工與外部的顧客，大家都喜歡聽故事，故事從口述到文字。這幾年由於影片拍攝與剪輯的便利性，用影片講故事愈來愈普

遍，社群媒體讓我們更容易分享那些感人、有趣、有意義的影片故事。但不管是文字或影片，如何讓故事精采，讓人願意全部看完，認同並想要學習主角，角色的設定，故事的情節鋪陳，還有最重要的是把品牌想要傳遞的價值觀與願景置入在故事中，而不覺得唐突虛假。故事也能讓商品的優點與價值，轉換成情感因素，影響他們的購買意願。

在《很久很久以前……：以神話原型打造深植人心的品牌》作者瑪格麗特‧馬克提出十二種神話原型：天真者、探險家、智者、英雄、亡命之徒、魔法師、凡夫俗子、情人、弄臣、照顧者、創造者、統治者。企業可以根據這十二種原型來定義品牌，把品牌擬人化，跟顧客互動。

類別	神話原型	座右銘
嚮往天堂	1. 天真者	自在做自己
	2. 探險家	不要把我困住
	3. 智者	真理將使你獲得解說
在這世界刻下你存在的痕跡	4. 英雄	有心者事竟成
	5. 亡命之徒	規則就是立來破的
	6. 魔法師	什麼都有可能發生
沒有人是孤獨的	7. 凡夫俗子	人生而平等
	8. 情人	我心只有你
	9. 弄臣	不讓我跳舞，我也不和你一起革命
立下秩序	10. 照顧者	愛你的鄰人如愛自己
	11. 創造者	只要你想像得到的，我就造得出來
	12. 統治者	權力不是一切，它是唯一

資源來源：《很久很久以前……：以神話原型打造深植人心的品牌》。

品牌要如何才能說好一個故事呢？可以從主角、困境、表彰的價值、磨難與勝利這五個要素來思考。

‧主角：誰是主角？
‧困境：主角遭遇的困難。
‧表彰的價值：主角想要努力達成的使命與核心價值。
‧磨難：要達成核心價值，所遭遇磨難。
‧勝利：主角如何戰勝磨難，完成使命。

　　尼克‧南頓（Nick Nanton）整理了有名的英雄故事之外，提出一個更完整的架構「終極故事——英雄之旅九個階段」：(1)普通人；(2)使命的呼喚；(3)拒絕；(4)干預；(5)起點；(6)挑戰；(7)失敗；(8)重生；(9)回歸。在這個架構下，英雄本來是平凡人，完全不想接受天命，但是有一天天降大任，英雄責無旁貸，往成為神之路發展，但路上有多重的磨難，終於得勝返鄉。尼克‧南頓認為透過這九個階段，任何人都可以編造出一個英雄故事，而在英雄故事中有四種最有效的故事情節：(1)征服怪物；(2)白手起家；(3)追尋；(4)重生。所以，王永慶、許文龍、郭台銘……這些名人的故事之所以吸引人，不正是「白手起家」。

　　艾克父女（Aaker & Aaker）認為只是跟品牌有關的故事還不夠，他們認為應該要有「品牌署名故事」（brand signature stories）。品牌署名故事是一種策略訊息，可用來說服、激勵、鼓舞。他們認為讓消費者無法抗拒的品牌署名故事，有四個關鍵因素：

‧引人入勝的：一個強大的署名故事是源自觀眾的生活，能激發觀眾的注意並想要參與。
‧可信的：人們喜歡好聽的故事，而不喜歡自吹自擂的訊息，故事不一定需要是事實。
‧涉入：成功的故事應該要把觀眾吸引到情節中。
‧策略訊息：故事訊息需要傳達你的品牌的競爭優勢。可能是你的品牌形象、個性、攸關性或價值主張，或者是組織繼承的資產、文化、價

值觀、策略或未來願景。

　　要如何製作強大的署名故事？可以運用以下四個步驟：

1. 蒐集：蒐集公司的故事，並透過塑造英雄來創造偉大的故事。有兩個進行方向：以客戶爲中心的故事英雄，如客戶、計畫、供應商和產品；以員工爲中心的故事英雄，如員工、創辦人、提升業績策略和未來的策略。

2. 評選：不是每一個故事都能變成偉大的故事。偉大的故事需要有高水準的說故事的品質。可以用以下的標準來評估：故事是否值得傳頌？完整的起承轉合與差異？故事本身是否有趣，眞實且有涉入性？故事裡存在任何挑戰、障礙、衝突與緊張嗎？令人驚喜嗎？

3. 制定計畫：找到品牌與顧客的甜蜜點。顧戶爲什麼要購買你的產品？你爲什麼存在？你的策略訊息是什麼？如何滿足顧戶的需求？

4. 管理：要追尋長期的成功，必須維持並培養最好的故事，並根據不同的類型，應用不一樣的說故事技巧。

● 2.3 B2B品牌與要素品牌

　　從產業供應鏈來看，會發現大多是B2B企業，只有最末端是B2C企業。臺灣有許多隱形冠軍的企業，更是以B2B爲主。B2B的企業客戶數可能不多，甚至是在整個供應鏈，緊密結合在一起，所以對B2B而言，即使是潛在客戶也不是不知名字的陌生企業。同樣是B2B企業，也存在極大的差異，就像做印表機的惠普，可以賣印表機給台積電、鴻海這種跨國大企業，也可以賣給臺灣眾多數十人以下的微型企業，前者目標明確，整個企業有極大的需求；後者就像一般的消費者一樣，一對一開發接觸的成本高，極不划算。

　　B2B企業由於產品單純，甚至僅提供製造服務，所以企業品牌常常

拿來當產品品牌使用，這也是這些製造業常常覺得自己不用打品牌，即使是從事代工製造的企業，一定擁有別的企業所沒有的差異化能力，所以當被客戶挑選為合作夥伴時，也就是客戶挑中了這個品牌。

B2B企業在打造品牌的方法上與B2C企業並沒有很大的不同，反而是因為顧客數量不多而且又很明確，同時開發一個顧客的時間很長，成本也高，所以接觸顧客的方式，會需要更精準。傳統上，B2B企業普遍自覺不需要打造品牌，所以反而在開始打造品牌之後，比較不打造品牌的競爭者會更容易突顯出來，成效通常也比較好。

【代工轉品牌】

許多臺灣的企業是以代工為主，但是，就品牌的角度來看，做代工的企業仍是有做品牌。蘋果為什麼選富士康代工，因為富士康是最有能力接蘋果訂單的企業，富士康本身就是一個品牌。因為習慣稱代工廠、品牌商，所以會有錯覺，做代工的企業，本身沒有品牌，但其實代工廠的企業品牌仍是品牌。

用BCG矩陣圖來看，代工事業可能是處於金牛象限，有穩定的金流，不用太花錢；品牌事業則是在明星象限，要花錢投資，但可能有美好的未來。代工事業想要往品牌事業走，有典型的向前垂直整合的問題，會引發客戶的反彈與反制，最極端的做法就是抽掉訂單。向前整合的例子，還有消費品牌想發展自己的通路；或是向後整合，通路商想要發展私有品牌，兩者均容易引發上游與下游的反彈。

如果一家企業，代工事業的品牌已經做得很好，想要發展品牌事業，通常有兩條途徑：

1. 向前垂直整合：由原代工事業發展出品牌事業，這個途徑最大的挑戰是客戶的抽單問題，但每個產業面對的狀況不完全一樣，客戶不一定都會抽單。在不同的地理區域、不同的應用領域，仍存在打造自有品牌的機會。其次是文化變革問題，所以需要獨立發展一個全新的品牌

事業，可以避免企業文化有太多衝突。很多企業會因為客戶的疑慮而進行分割，如宏碁與緯創、華碩與和碩。

2. 向後垂直整合：利用製造與研發的專長，開發出「關鍵零組件」，就可以發展成「要素品牌」，或有人說「成分品牌」。

　　但不是所有的臺灣製造業都是做代工的，也不是製造業就會有代工轉品牌的問題。如果是零組件的製造商，就只有單純的B2B品牌行銷問題。

【要素品牌】

　　要素品牌是B2B品牌中特別的一種形式，大部分的企業品牌，都只有被下游的顧客知悉而已，顧客的顧客、一直到最終端使用者未必要知道該品牌的存在，例如：ASUS的主機板，只在個人有組裝電腦的需求時，才會被消費者知道。同樣位在電腦內部的CPU，一般人幾乎不會直接購買更換，所以一般的消費者不需要認識Intel這個品牌，但Intel為了擺脫對手AMD的競爭，發動了在電腦上貼上「Intel Inside」的活動，獲得巨大的成果。由於消費者指名要購買有Intel CPU的電腦，進而驅使電腦品牌商採用Intel的CPU，當然指名Intel，也讓電腦品牌商不會因想降低成本而採用Intel對手的CPU。

　　Intel Inside是要素品牌的經典案例，當時Intel面對競爭對手AMD與Cyrix的強力競爭，位於電腦業上游的Intel，並不是直接找下游顧客固椿，而是直接訴諸一般終端消費者，讓消費者知道，Intel就在電腦內，甚至要消費者指名買有Intel CPU的電腦，這波活動也包含電腦製造商貼貼紙在機身上。

　　許多登山的人都會認GORE-TEX，登山鞋要買有Vibram黃金大底的鞋子。買鍋子的人也很難不注意鐵弗龍（Teflon），這幾乎是不沾鍋的代名詞。在我們的日常生活中要素品牌一直存在，只是常常會忽略，但在購買某種商品時，卻又會特別留意是否有此要素。

要素品牌是指該品牌是構成商品重要的要素、成分，終端消費者會因此要素品牌而考慮購買。要素品牌是B2B品牌中的一項特別打造品牌的方式，不只讓直接下游客戶知道品牌，也讓最終端的消費者知道這個品牌。以推廣費用而言，必須增加很多，但是直接訴諸消費者，卻形成與客戶直接議價的強大能力，讓客戶必須將要素品牌的產品放在產品的設計中，才能讓終端消費者買單。

科特勒（Philip Kotler）與弗沃德（Waldemar pfoertsch）認為要素品牌有幾個重要特徵：

1. 要素品牌是聯合品牌的一種形式，有背書品牌的效果，所以出現在產品包裝上，不宜過小。

2. 要素品牌在打造的初期，仍需要大量的推廣，像Intel Inside，除了補助電腦品牌商之外，Intel也大量的投入廣宣來推廣Intel Inside的貼紙。

3. 要素品牌一開始要藉由成名的大消費品牌來拉抬，但當要素品牌自己有一定知名度、品牌價值足以外溢給其他品牌時，甚至可以收取授權金。

4. 要素品牌愈普及，授權對象愈多，價值會遞減，像Intel Inside一樣，現在已經很少人會特別去注意。

一開始要打造要素品牌成為知名產品品牌的要素，這是最難的部分。大部分的產品品牌，並不想讓要素品牌出現。當愈來愈多的產品掛上了要素品牌後，就是快速成長與提升品牌價值的時候，但若大量出現在各產品上就會出現Fiesco-effect。所以Fiesco-effect就是知名的要素品牌變得無所不在，因此無法當作差異因子，讓原有的支持者陷入價格戰中，要素品牌幫產品品牌創造的溢價不見了，要素品牌變得不重要，這是管理要素品牌最需要小心的地方。

愈上游的要素品牌，愈需要直接跟顧客、顧客的顧客……最終的消費者做溝通，這對於擅長製造，不擅長行銷的臺灣企業而言是一件困難事，但運用行銷傳播並非單兵作戰，一個一個去拜訪顧客，其實是更容

易傳遞給多階層顧客。對品牌而言，不論是在哪一階層的顧客，唯有這些顧客願意指名，品牌才具有真正存在價值。

對以製造業為主，擁有許多隱形冠軍的臺灣企業而言，要素品牌是最應該知道的一種打造品牌的方式。尤其在C2B逆商業時代，一個品牌不被終端消費者熟知指名，是很容易遭受競爭者攻擊而消失。相反的，一個擁有消費者支持的品牌，將能在競爭中脫穎而出。

2.4 聯合品牌與集體品牌

【聯合品牌】

世大運與世界技能競賽，都可以看到至少有兩個品牌放在一起，一個是活動自身的品牌，另一個是城市品牌。同時出現兩個品牌就是聯合品牌（co-brand），或稱品牌聯盟（brand alliance）。

當兩個品牌擺在一起時，基本的排列組合有：1.logo一樣大；2.logo一大一小。當然誰上誰下、誰左誰右都會影響，但基本上仍是先確認要一樣大或一大一小。以世大運的品牌識別來看，顯然世大運並不怎麼在意自己大或小，而且logo幾乎都是比舉辦城市小。通常會認定世大運的五顆星與Universiade，是當背書品牌，而舉辦城市當作主品牌。

世界技能競賽，則是把WorldSkills當主品牌，城市品牌當次品牌（或稱副品牌），這都是一大一小的狀況。通常一大一小並不會太在意位置在上下左右的問題，反而logo大就是主品牌，logo小就是次品牌。

兩個品牌一樣大，大都出現在合併後的品牌，或是在兩個品牌做聯合推廣時。但有些人的心中還是會有上大下小、左大右小的觀念，雖是一樣大，但仍有稍微的區分。前文大致上是兩個品牌在一起，大部分可能出現的排列組合。所以大家可以觀察一些周遭的相關案例，像信用卡

中的聯名卡。

企業的購併，常常會發生聯合品牌，保留了原本兩家企業品牌名稱，但大都會因為名字太長，而再度命名，或是僅保留主併方品牌。也有一些是將被併方的產品品牌留住，例如：聯想併了IBM的筆電後，仍是留下ThinkPad的產品品牌，這個狀況在產品品牌是以「主品牌＋次品牌」命名最常見。

聯合品牌的決策通常是源自於共享雙方的顧客群，例如：當臺灣的好市多選擇跟國泰世華銀行共同發行聯名卡時，國泰世華信用卡因此增加了全臺好市多的會員。聯合品牌的合作通常有「門當戶對」的考量，差異過大的兩個品牌，通常難以合作，但仍是有例外，當某品牌積極想要爭取一群全新顧客時，會主動跟比較小的品牌釋出合作的意願。聯合品牌既是兩個品牌的結合，所以推廣上也是需要雙方共同推廣。聯合品牌是打造品牌時除了行銷傳播之外，應該常常被考慮的策略或戰術。

【集體品牌】

記得在唸書的時候，很流行：「今天你以XX為榮，明日XX以你為榮」。許多認證標章就像上面那一句話一樣，當一個不知名的A品牌能取得某一認證標章，似乎風生水起、水漲船高，有了標章加持，品牌銷量大增。當A品牌已經成為高人氣品牌之後，換成認證標章需要A品牌來注入更多能量。

認證標章是集體品牌的一種重要形式。所謂「集體品牌」是許多廠商集結而成的品牌，團結力量大這句話一樣適用在品牌打造的過程中。近年來經濟部中小企業處推動OTOP（一鄉一特色）、臺東縣政府推動「臺東好物」等，透過認證標章來篩選優質產品，再以群體力量去推動認證標章這個集體品牌。但集體品牌獲得消費者普遍認同之後，個別商家品牌，也比較容易被消費者注意到。

　　但集體品牌也因涉及多家商家，所以當推廣經費不是由政府支出，而是由各商家來支付時，出資的金額、意見的整合、品質的控管，以及推廣後的受益不均，均考驗著集體品牌的營運。紐西蘭的ZESPRI®奇異果，是以集體品牌獲得極大成功的例子。

　　集體品牌的推廣力量來自於兩個方面：一是集體品牌本身知名度的推廣，另外是透過個別商家及其通路一起推廣。兩者也是相輔相成。大部分的集體品牌，尤其是認證標章是以背書品牌的形式出現，但也可以主打單一主品牌，例如：ZESPRI®與萬里蟹，當然也可以把集體品牌當作主品牌、個別商家當作次品牌，以「主品牌＋次品牌」的方式打造。

　　制裁或除名個別商家大概是集體品牌中最難的決策，卻是維護集體品牌聲譽所必要的工作。當消費者在集體品牌中的某一商家，受到欺騙時，往往也同時影響集體品牌，所以集體品牌由於管理上的挑戰，通常扮演階段性的任務。

Chapter 3

品牌永續與企業社會責任

學習目標

1. 永續發展是企業品牌最重要的目標，透過與利害關係人共創價值讓企業得以永續。

2. 聲譽是獲得利害關係人信任的基礎，管理好品牌聲譽，是與利害關係人合作共創的保證。

3. 透過社會責任行銷，讓企業獲得好聲譽。

企業是組織的一種形式，有別於政府組織與公益團體。企業的成立是以營利為目的，所以被稱營利組織，最具體的特徵，完全顯現在損益表（如表3.1）上。在這張表上有顧客購買產品服務後所產生的營業收入，從供應商採購原料的成本，加工過程中所產生的成本，當收入－成本，產生了毛利。但為了提供這些產品服務，需要工廠、辦公室、員工、水電、通信等管銷費用，當毛利－管銷費用＝稅前息前盈餘。在經營的過程中，可能需要跟金融機構往來，產生了業外收入與支出，然後一年下來有了利潤，先繳稅給政府，剩餘的部分再分配給股東。在損益表中，可以看到顧客、供應商、員工、金融機構、政府等不同的利害關係人。

表3.1　損益表及利害關係人對應圖

營業收入	顧客
－營業成本	供應商
＝毛利	
－營業費用	員工、房東、一些廠商
＝營業利益	
－業外損益	銀行、債權人
－稅	政府
＝淨利	股東、投資人

在假設收入固定的前提，企業如果要獲取更大的利潤，就必須降低進貨成本、降低人員薪資、降低員工福利等，最後再想辦法少繳稅給政府，這就是所謂降低成本（cost down）思維。

麥可‧波特（Michael Eugene Porter）在《競爭策略》一書中提出了五力分析的架構，企業的獲利被五大因素所影響，顧客與供應商的議

價能力與來自新進者、替代者與現在競爭者的威脅。但五力分析架構很早就提出質疑，因為這個架構源自競爭，每一種力量都在削減企業的獲利能力。

亞當‧斯密（Adam Smith）認為理性而尋求自我最大利益的個人，將能創造出全民最大的福祉，但約翰‧納許（John Forbes Nash）提出了納許均衡（Nash equilibrium）解釋了囚犯困境。當囚犯以為對自己最好的策略來行動時，卻得出一個不是最好的結果，但當兩個囚犯一開始就採取合作的話，會得到最好的結果。這個結論放在企業中，如果企業採取對自己有利的行動，就如同降低成本（cost down）思維，反而不如一開始就積極與各利害關係人合作，可以獲得更好的成果。企業可能跟供應商合作，一起研發對顧客更有價值的產品，顧客也願意出更高的價格來購買。企業以高薪、福利積極尋找與留住更好的人才，而這些人才創造出更好的產品給顧客。企業對各利害關係人都可以提出「共創價值」思維，雙方合作共同創造出更大的價值。

美國密西根大學公共政策教授羅伯特‧阿克塞爾羅（Robert Axelrod）用電腦記錄了當賽局重複進行多次之後，許多參與者開始採取合作，雖然偶然可能會背叛。企業與各利害關係人之間其實也存在重複賽局，一次性的殺雞取卵，或許贏得一時的利益，卻也喪失未來合作可能存在的利益。例如：企業以最低價招標的方式取得較低的原物料，就不容易與供應商維持長期合作關係，更無法與供應商共創價值。

Axelrod在實驗中也發現了聲譽的重要性：「如果雙方的互動關係一直重複發生，或許其中一方會希望在一開始即誠實以對，建立聲譽，以期對他日後有所幫助。」對企業與利害關係人而言，聲譽的作用也是如此，企業如果覺得供應商、員工等有欺騙的行為發生，輕則斷絕往來，重則法律訴訟。在網路上有客評機制，這樣的客評機制，也可以是由供應商評、員工評或各利害關係人評。所以在數位經濟的時代中，聲譽評等愈高，愈是大家喜愛的合作夥伴。

布蘭登柏格與奈勒波夫（Adam M. Brandenburger & Barry J. Nalebuff）依此概念提出了「競合策略」，以補足麥可‧波特的不足。價值網的左邊是競爭者，右邊是互補者；左邊是競爭，右邊是合作；競爭與合作並不是天生如此，而是一種選擇。企業人士常常會喊出大家一起把餅做大，這就是「合作」，但分餅時又成為零和遊戲，對方分得多，自己就分得少。生態圈（ecosystem，或稱生態系），就是同一生態系的所有成員一起壯大生態圈，像智慧型手機的iOS與Android兩種生態圈，平臺也是一種生態圈，平臺的發展茁壯有賴平臺成員的加入與互動。

　　企業的永續其實就是企業的存活。據說90%的企業在前3年內倒閉，根據資料，臺灣中小企業平均存活壽命只有13年。所以探討企業永續也就是探討企業的存活。顧客是企業最重要的利害關係人，彼得‧杜拉克說「企業的目的在於創造顧客」，畢竟唯有顧客才能為企業帶來收入，沒有顧客的消費，企業絕對無法存活。但除了顧客，每一個利害關係人都能影響企業的存活，政府的法令稅制補貼，金融機構的融資，投資人的資金，員工的勞動權益，當地居民對環境汙染工安問題的抗爭……任何一個利害關係人、任何一件可渲染擴散的事情，都會影響企業的存活。擁有65年的復興航空突然宣布解散，可以歸咎於兩岸政策改變、廉航興起、員工抗爭……。

　　資源依賴理論強調組織依賴外部資源而生，所以要連結外部資源，確保資源的供應，這些資源之中有可能是一些利害關係人，這些利害關係人是會變化的，像政府的政策會變，消費者的需求會變，社會大眾的期望會變，會希望企業更環保、節能、重視勞工權益、協助弱勢團體。企業為了確保這些資源的供應，必須聽進這些聲音，並且回應這些聲音，必要時，企業要做出改變以符合這些資源的期待。

　　在訊息經濟學中，喬治‧史帝格勒（George Joseph Stigler）認為交易雙方存在資訊不對稱，而資訊不對稱會引起道德危機與逆選擇，這兩種行為都是源自於不信任，所以如果雙方可以積極公開揭露資訊，將能減少逆選擇與道德危機的行為。在數位經濟的浪潮中，資訊的揭露與

取得都比以往更加容易，但謠言的錯誤資訊也充斥在網路空間中，惡意的攻訐，故意給競爭者負評行為也層出不窮，企業要如何解讀和即時提供正確的資訊給所有利害關係人，變得比以往更重要。在賽局理論中認為參賽者任何的公開聲明或行動，都會對外釋放訊號（signaling），其他參賽者可以去篩選（screening）或是干擾訊息。對企業而言，任何的利害關係人與企業本身都可以釋放、篩選、干擾訊息。

　　Pfeffer與Salancik（2007）在資源依賴觀點中，環境是組織給予注意的過程中被建構創造出來的。環境不是客觀的事實，而是組織藉由組織知覺、專注和詮釋等建構創造的過程所界定出來的，但是如何建構創造組織的依賴、所在環境及外部需求，則又受到組織結構、資訊系統，以及組織中權力和控制力分布的影響。認為就外部控制的觀點，管理者必須扮演「倡導者」（advocator），所謂倡導者乃是積極管理組織所鑲嵌社會情境的操弄者，管理者會希望制定或創造一個對組織更有利的環境。依據資源依賴理論，企業因為高階領導人的框架決定蒐集的方向，所以框架界定了顧客、競爭者。企業會對外做出宣示或行動，同樣的競爭者也會對外發出訊號。有些訊息或議題必須做出回應，回應未必是反擊，有些訊息內省之後，成為公司新的產品、服務或工作流程。有時，會變成廠商間的訊息大戰。例如：廠商會爭取產業發言權以塑造成產業龍頭的印象，或在產品正式上市前的幾個月就提早宣布，以阻止競爭對手先搶市場，或是保證最低價來消弭價格戰。所以情報的解讀與回應是極大的挑戰，「一言興邦、一言喪邦」，所有利益關係人與企業的競爭或合作，常常是在一念或是一言之間。

　　組織行為大師Stephen P. Robbins（2003）認為成功框架議題（framing issues）對企業的領導者是重要的。他舉了金恩博士著名演講——「我有一個夢」，開啟了民權運動。Robbins定義框架是「利用語言來達到意思的方法，讓領導者藉由所見的事件及了解來影響別人。這其中涵蓋所選擇及將要突顯的一個或數個物體構面，而沒有包括其他。」領導者藉由議題的框架，讓跟隨者看到問題，如何了解及記得問

題，以及如何行為。因此，框架是領導者在影響其他人之看法及了解事實時的重要工具。

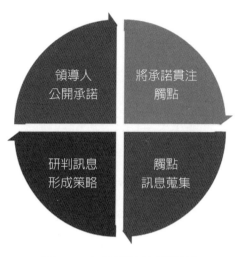

圖3.1　企業品牌永續模型

對企業而言，永續就是傾聽與回應的循環，企業在接觸點上去蒐集所有訊息，有專人去解讀研判這些訊息的意義——是消費趨勢改變嗎？是競爭者採取新行動嗎？是新人新政嗎？是利率匯率變動嗎？是環保意識提升嗎？企業必須持續蒐集與解讀、研判，如果發覺必須由企業回應時，要請企業領導人對外公開宣示或採取行動，企業各部門將以領導人最新指示形成框架，導入各項資源、流程、價值、關係，積極回應外部資源的需求，而企業所有的努力都會呈現於接觸點上，讓每一個利害關係人都能感受到，進而構成「企業品牌永續模型」（圖3.1）。

近年來，企業社會責任（簡稱CSR），成為公關界的熱門議題。CSR的相關工作除有助於獲得客戶訂單外，同時也能提高企業形象。

如果用「資源依賴理論」來看，面臨外部資源的不確定，企業必須回應外部的需求。所謂「社會責任」，就是所有利益關係人期望企業能協助解決社會的問題，如弱勢族群的就業、就學，或因生產過程或過度

包裝所造成環境汙染問題。

「機制理論」則提出同形現象，企業為了順應環境，會採取強制性同形、模仿性同形及規範性同形等三種方法取得生存的正當性。如果顧客只願意向真的有實施CSR的企業購買產品，企業也只好順應這種的潮流。

在「社會責任」的工作中，環境保護是重要課題，因為環境的汙染是因為「外部不經濟」的存在。最典型的「水與空氣汙染」，都是肇因於以前的人認為這兩者都是取之不盡，而且也很難去計算。現在的CSR會希望把這些外部成本內部化，「環境成本會計」就是由政府來鼓勵企業列出這些成本及所做的努力。

麥可‧波特曾在〈綠色競爭力：終結僵持局面〉一文中認為：汙染等於無效率，所以改善環境等於提升資源生產力。例如：現在的洗衣機開始強調省水、省電。現在油電混合車，1公升的汽油可以行駛超過30公里。

有時企業領導人透過對企業社會責任的闡述，將原本屬於對外部的社會議題內化，轉變為對企業在管理或治理上的責任範疇，向外界傳遞企

業的價值與倫理。例如：前台積電董事長張忠謀在演講中，提及企業應盡的十項社會責任，諸如誠信、守法、公司治理、創新等企業文化，重視員工、環保、文化發展等企業使命，即是間接的透露其領導及管理企業的基本價值觀與倫理守則。

關於企業社會責任的內容，大體上都是符合社會期待企業體能夠扮演積極倡導或推動角色的價值，也有別於過去企業只重視自身私利的汲汲營營追求，或透過剝奪他人權益獲取極大利益等負面形象的作為。聯合國的十七項永續發展目標（https://green.nttu.edu.tw/p/412-1048-10039.php?Lang=zh-tw）為：

1. 在全世界消除一切形式的貧困。
2. 消除飢餓，實現糧食安全，改善營養狀況和促進永續農業。
3. 確保健康的生活方式，促進各年齡人群的福祉。
4. 確保包容和公平的優質教育，讓全民終身享有學習機會。
5. 實現性別平等，增強所有婦女和女童的權能。
6. 為所有人提供水資源衛生及進行永續管理。
7. 確保人人負擔得起、可靠和永續的現代能源。
8. 促進持久、包容和永續經濟增長，促進充分的生產性就業和人人獲得適當工作。
9. 建設具防災能力的基礎設施，促進具包容性的永續工業化及推動創新。
10. 減少國家內部和國家之間的不平等。
11. 建設包容、安全、具防災能力與永續的城市和人類住區。
12. 確保永續的消費和生產模式。
13. 採取緊急行動應對氣候變遷及其衝擊。
14. 保護和永續利用海洋和海洋資源，促進永續發展。
15. 保育和永續利用陸域生態系統，永續管理森林，防治沙漠化，防止土地劣化，遏止生物多樣性的喪失。
16. 創建和平與包容的社會以促進永續發展，提供公正司法之可及性，

建立各級有效、負責與包容的機構。

17.加強執行手段，重振永續發展的全球夥伴關係。

在企業裡，CSR的工作重點有：1.公司治理／環境與社會成本整體權衡的研究發展策略；2.社會價值、工作職場、社區、人權、社會道德、消費者權益等重點的促進；3.溫室氣體管理、水資源、自然生態保育；4.社會責任投資；5.供應鏈管理與外部夥伴溝通管理；6.永續報告等。企業也會透過發表企業社會責任的報告書，來宣示他們履行及實踐社會責任行動的綱領。企業社會責任報告書的內容，可參考GRI（Global Reporting Initiative）報告。這是全球唯一由多方利害關係人，包括企業團體、勞工、人權、會計、環境及投資機構等組織，所共同制定的報告書架構，主要提供一套廣為大眾接受的體制，供組織報告其經濟、環境及社會績效，架構包含永續發展報告指南、各類指標規章、技術規章及行業補充指引。

3.2 品牌聲譽管理

品牌聲譽可以區分成企業與產品，兩者相互影響，就像Apple出iPhone，用Apple帶動iPhone的知名度，而iPhone協助蘋果的品牌聲譽走向巔峰。但如果產品出現重大瑕疵，企業品牌聲譽同樣會受損。要提升企業品牌聲譽最有效的方式，是投入在企業社會責任（CSR）上。為了永續發展，企業應該設法滿足各種利害關係人的需求，包括顧客、供應商、員工、社區、政府、環保與公益團體。而充滿正面陽光的企業品牌形象，將可以外溢到產品品牌、雇主品牌形象上，企業品牌聲譽又稱為企業聲譽。

企業品牌聲譽通常由不同利害關係人對企業的評價所組成，產品品牌聲譽則是顧客對產品的評價。如果說企業品牌形象是企業給人的整體印象，那企業品牌聲譽是其中的一部分，但有時候，卻也不是那麼容易

區分。但聲譽比較趨於理性的比較，形象還有感性的一面，如年輕有朝氣、獨樹一格、有霸氣等。另外聲譽的高低似乎也和知名度有關，愈多人知道並認同這家企業，聲譽也會比較高。所有的利益關係人願不願意與企業採取合作的關係，關鍵在於這家企業的聲譽，是不是會「以大欺小」、「過河拆橋」，愈是惡名昭彰的企業，愈不容易取得利益關係人的信任。

信任是構成聲譽最重要的部分，信守承諾、言出必行是信任的基礎，相反詞是欺騙背叛、出爾反爾，誇大不實的廣告或黑心油的產品都是源自於顧客覺得對於品牌的信任遭受到背叛。說到做到，言行一致是顧客對品牌信任的最基本要求，所以消弭品牌與利害關係人的資訊不對稱，儘量將企業資訊公開透明將能取得利害關係人的信任，進而擁有較好的聲譽。

【線上聲譽管理（online reputation management），簡稱ORM】

以往對企業的印象大都來自於大眾媒體的報導與廣告，除非發生重大危機事件，能上大眾媒體的企業大都有比較正面的形象與聲譽。一些顧客抱怨與申訴除非企業不積極處理，不然一般的媒體並不會刻意報導。但進入數位的年代，網友可以在許多地方留下不滿與抱怨言論，所以企業無法一味地粉飾太平，採積極面對與處理，成為線上聲譽管理的重要課題。

現今的消費者可以在網路上找到許多品牌聲譽的線索，例如：搜尋引擎的排名、谷歌地圖中的商店評分、在社群網站的討論、企業的官網、電商的公司與商品介紹，隨著品牌曝光的地方愈來愈多，與顧客的接觸愈頻繁，管理的挑戰也愈大。特別是餐廳、飯店，許多消費者會很認真地參考評分與評論來決定，所以產生了許多排隊名店，新聞中也不乏因為消費者惡意給低分、負評，店家不願受辱而提告。

【輿論管理與社群聆聽】

圖3.2　輿論管理的GIPA模式

資料來源：智策慧品牌顧問公司。

　　輿論蒐集與回應一直是公關的日常工作，從以往的電視、廣播、報紙、雜誌，到網路的媒體、社群、討論區、部落格、微網誌等，去蒐集各種公眾的意見，同時也蒐集競爭者的動態與消費趨勢。蒐集是第一層的篩選，用數位的方式就是設定關鍵字的組合後去搜尋並收錄，太過嚴格的關鍵字會漏掉許多重要訊息，過度寬鬆的關鍵字則加重解讀者的負擔，或需要進一步篩選。

　　不同於由資淺員工所做的輿論蒐集，解讀通常需要比較資深或具主管職的員工來擔任，簡單的解讀從正負評與數量開始，也就是訊息的質與量，但要判斷出傳訊者的意圖，就是一種專業判斷，例如：競爭者到討論區故意發問產品的弱點，或是客戶故意留言說反話或小題大作等。正確的解讀是回應的基礎，根據解讀的結果，公關人員會提出回應的建議，會回應者大都是客訴、嚴重負評與重大危機事件。經高階主管裁示

後進行危機回應行動。所以，「蒐集（gather）→解讀（interpret）→
建議（propose）→行動（act），簡寫成GIPA」，就是企業內輿論管理
的循環。

　　以前，公關人員會剪貼平面媒體、監錄電子媒體，爲的是蒐集自己
企業的露出量、競爭者的動態、重要的消費趨勢與社會上熱門話題，傳
統公關以大眾傳媒爲主要蒐集標的。近年來會進一步蒐集網路輿論。僱
用工讀生每天剪報，或固定搜尋、到社群網站查看，這種做法太費人工
只能勉強達到目的。後來有一些媒體剪報公司可協助企業的公關人員蒐
集輿論，到數位時代時，這些輿論訊息也能在網路上蒐集，再加上網路
原生的社群媒體，現在變成資訊科技廠商提供「社群聆聽」平臺來蒐集
所有輿論訊息，即時監測、快速回應。

　　蒐集是一件勞力的工作，有資訊系統代勞，當然可以又快又不容易
遺漏。但只蒐集而不處理，這些資料也只能算是一堆垃圾。最基本的，
當然是跟競爭者比較露出量，有些人稱此爲「聲量比」。根據以前的經
驗，聲量比與心占率、市占率有一定的正相關，當然這得在長期的比較
下才會準確。如果只是單一行銷活動期間，是沒有多大意義。

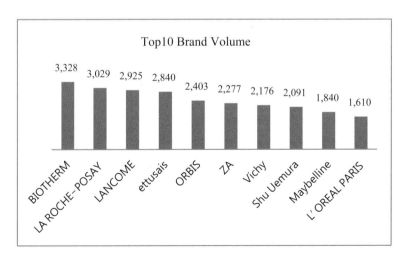

圖3.3　競品聲量比較

資料來源：亞洲指標。

輿論蒐集與社群聆聽都是屬於企業品牌永續經營中的「觸點訊息蒐集」的工作，目的是聆聽所有利害關係人的聲音。以往，這是一件費時費力的苦工，得從電視、廣播、報紙、雜誌中，篩選出與品牌有關的資訊，再整理給企業需要做回應的主管。現在社群聆聽（social listening）可以即時篩選相關資訊，並可以設立警告通知，一有過多的負面訊息，可以提醒相關人員即時處理。

　　新進品牌除非很特別，不然極難獲得媒體的青睞與網友的討論。一旦有了幾波的報導或討論之後，聲量出來了，氣勢也跟著壯大了，幸運

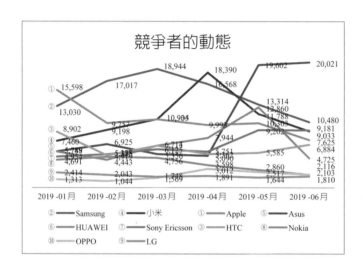

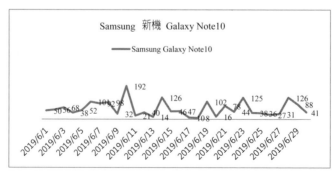

圖3.4　競爭者的動態

資料來源：亞洲指標。

的話，就能像滾雪球一樣，開始能追上競品的聲量。除了聲量的比較外，競品的動態也是蒐集的重點。由於這項常態監測的工作，讓積極的公關人員可扮演極關鍵的角色，成為行銷回應戰術的發動者。

以競品為師，是蒐集競品資訊最主要的目的，雖然是公開的資訊，但是新產品的訴求、發表的時間表、操作議題的精準度，以及媒體的露出量，都可以從中學習。

時事議題的掌握，例如：有哪些新明星可以合作？社會上又在流行什麼議題？新的消費趨勢調查報告為何？雖然這些資訊通常不是預設蒐集的條件，但是敏感的行銷人員總能在這些資訊中找到靈感。

排行	Top10 熱門話題	ID	回應篇數	發文日期	來源網站
1	在華碩官方網站購物買太多,被告詐欺,家裡被刑事局搜索扣押	cbmmer264531 樓主	1,260	2019/6/3	Mobile01_ 智慧型與傳統手機討論區
2	[心得] 三星 NOTE8 真的有夠爛!	onlygoog	307	2019/6/2	PTT_MobileComm
3	Re: [閒聊] 我應該是第一個尻爆 Zenfone6　鏡頭的苦主	xmas0083	304	2019/6/22	PTT_MobileComm
4	[心得] 華碩 ROG PHONE　使用心得	yugiwang	296	2019/6/2	PTT_MobileComm
5	[討論] 杜奕瑾：扳倒 telegram　關鍵：小米手機	bced	251	2019/6/15	PTT_MobileComm
6	[情報]索尼 Xperia 1　續航(GSMArena)	rinppi	239	2019/6/8	PTT_MobileComm
7	[心得] Zenfone 6　使用心得	Dxperado	238	2019/6/8	PTT_MobileComm
8	XPERIA 1問題回報	SasakiSakuya 樓主	233	2019/6/6	Mobile01_ 智慧型與傳統手機討論區
9	[心得] zenfone6　大禮包 拆 犀牛盾	horcy	221	2019/6/9	PTT_MobileComm
10	[情報] Zenfone 6　夜拍有無 OIS 影響測試	lalauya	213	2019/6/20	PTT_MobileComm

圖3.5　最近最流行的話題

資料來源：亞洲指標。

部落格、討論板與臉書粉絲團的聆聽，是以往輿論蒐集沒有涵蓋的範圍。討論板是暗黑公關操作最容易出沒的地方，也是競品最喜歡施放

煙霧彈的地方。但撇開負面的操作方法，這些地方反而是最容易聽到顧客真實聲音的地方，顧客的抱怨、擔心、困惑，一切的痛點，都有可能蒐集到。雙向傳播的特性讓許多問題都透過立即溝通而解決，進而達成銷售的目的。但社群媒體也是最容易快速爆發危機的地方，可能只是一個小小的取暖，但透過鄉友的串聯，釀成難以收拾的結局。

創新的靈感，也常常來自競品、時事與顧客的意見。善用網友的試用回饋，可以讓產品更符合消費者的需求。

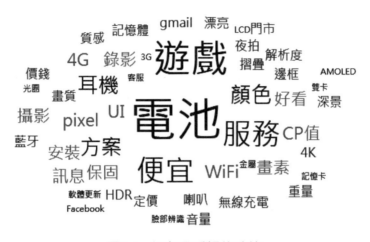

圖3.6　網友最重視的功能

資料來源：亞洲指標

不管是輿論蒐集或是社群聆聽，最重要的是哪些人看？誰要做出回應？誰執行回應？以往一天早上的蒐集就足以處理大部分問題，如今數位經濟24小時全年無休的特性，隨時監測與警示、提醒，變成社群聆聽平臺必備的功能。

社群聆聽是企業最想導入的工具之一，即時社群聆聽與回應，足以處理絕大多數的客怨於大爆發之前。但俗語說：「嫌貨才是買貨人」，網路上雖然不排除被惡意攻訐之外，企業更應該將網民的碎碎雜唸，轉化成精進產品的動力與排除消費者購買過程中的任何障礙。

中文語意分析的挑戰——網友的正話反說、反話正說，在社群聆聽加入人工智慧之後，透過人工輔助機器學習，可以提升蒐集資訊的精準度。具備多國語言的蒐集能力，更成為打造國際品牌的重要利器，但強大工具的背後，仍是需要有懂得駕御的人，才能發揮工具最大的效用。

【聲譽風險與危機】

利害關係人的負面評價會造成聲譽風險，特別是在線上的網民就像星星之火可以燎原。一開始可能只是一個人的抱怨，但如果看到的網民都發覺這也是自身的問題，一下子湧入負面的討論，如同漣漪般快速擴散，在幾小時內就可以釀成危機。烽火連天，遍地狼煙四起，恐怕是企業在數位時代中最可怕的夢魘。少掉了大眾傳媒的守門人機制，客怨負評有時就像星星之火般，一下就燎原。

聲譽風險是企業風險管理的一環，品牌聲譽的危機通常是顧客對品牌喪失信任，進而造成財務損失。建立品牌聲譽就像推著大圓球上山一

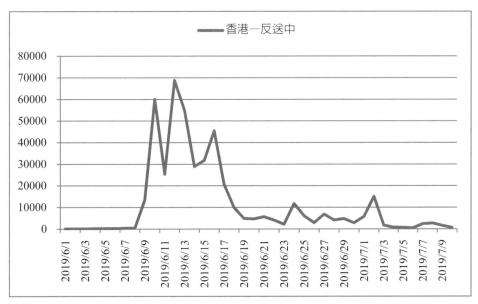

圖3.7　負面議題爆發趨勢

資料來源：亞洲指標。

樣，要很辛苦用力才能推往山頂，若稍有不慎，圓球就直接滾下山了，品牌可能在一夕之間就毀掉。隨時監測負面議題，當有爆發的趨勢時，由系統平臺即時發出警告通知，積極介入處理，在危機發展之初，就能化險為夷是社群聆聽最有價值的部分。

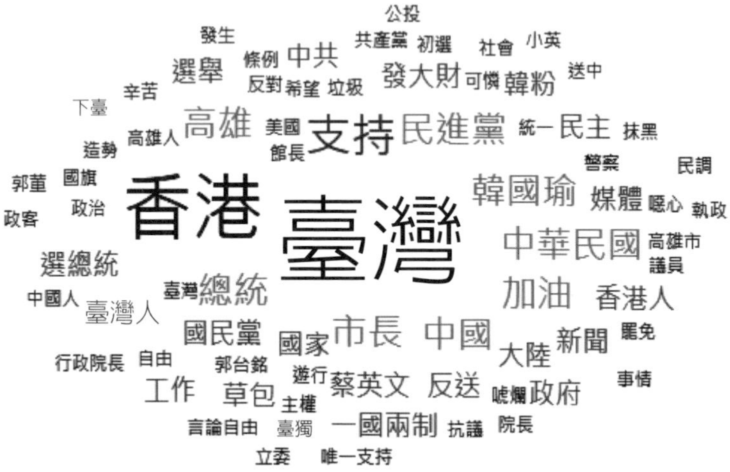

圖3.8　負面議題文字雲

資料來源：亞洲指標。

3.3 社會責任行銷

正如同企業形象一樣，CSR必須透過相關的行銷傳播渠道，將重要的訊息與價值理念傳遞給一般公眾和利益關係人，才能算是真的開啟關係連結的第一步。

科特勒（Kotler, 2005）曾經將有關宣傳CSR的相關方式，根據企業的涉入程度分成六種類型：1.善事宣傳（cause promotion）；2.善因行銷（cause-related marketing）；3.企業社會行銷（corporate social marketing）；4.企業慈善事業（corporate philanthropy）；5.社區自願服務方面（corporate community involvement）；6.社會責任商業實務（socially responsible business practices）。現分別說明如下：

【善事宣傳】

善事宣傳是經由贊助活動、授權與廣告活動上的努力推廣社會議題，通常有以下做法：1.建立善事的知名度及關注；2.說服大眾發現更多的善事；3.說服大眾奉獻時間；4.說服大眾奉獻金錢；5.說服大眾奉獻非金錢資源；6.說服大眾參與事件活動。

善事宣傳對於企業的行銷而言，具有以下的好處：能有助於強化品牌定位、建立顧客忠誠度、品牌偏好、產生夥伴關係、強化企業形象等，主要的問題在於：1.善事與企業的連結度不高；2.成效難以追蹤；3.善事的後續處理可能是困難的；4.別家公司也能照做。

【善因行銷】

善因行銷的做法是將宣傳期間內所賺取收入的某個百分比，以特定的原因捐獻出去。當顧客從事提供利益的交易，以滿足組織與個人目標時，廠商針對特定原因貢獻特定的金額，來規劃與執行行銷活動的過程，特色在於連結起廠商對某特定善因的貢獻，以及顧客涉入與廠商交易創造捐款，最重要的利益是消費者把廠商擬人化，擬人化幫助消費者與廠商發展強力且獨特的連結，超越一般單純買賣交易關係。

善因行銷通常的做法有：每銷售一樣產品就捐一特定金額、每個動作（如開戶）就捐一特定金額、捐銷售的某個比例給慈善機構、每一筆銷售的某個百分比、以消費者的貢獻（如累積里程）、淨利的百分比、可能只是某特定產品或全產品、某特定時段或全時段，企業可能會設定最高金額。

善因行銷的做法會對企業帶來正面的效益，其利益包含有：能吸引

新顧客、提高善因的基金、接觸利基市場、增加產品銷售、建立能加值的夥伴、建立正面的品牌識別。

　　但同樣的，以善因行銷作為公關的宣傳手法，也可能存在著部分問題，例如：跟慈善機構談合約，可能會耗費很久，時間成本較為昂貴；法規限制或需要揭露，所以需要花一些員工的時間；企業與慈善機構需要建立追蹤系統，才能確保消費者的承諾被實現；可能因為每一筆金額都很小，所以需要花很多的時間及金額去宣傳；消費者可能會懷疑金錢是否完全捐給慈善機構；消費者可能因不認同該慈善機構，而不想買產品；企業與慈善機構對於目標市場有不一致的看法。

【企業社會行銷】

　　企業社會行銷的定義是支持行為改變的活動，也就是企業以其名義直接參與某些社會的公益活動，期望能夠協助擴大這項公益活動的宣傳聲量，爭取公眾以行動改變支持這些訴求。例如：健康議題方面的拒抽二手菸；人身安全議題方面的交通安全、槍枝管制的宣導；環境議題方面對水資源、空氣汙染的防護與重視；社區參與議題方面，如捐血、器官捐贈、犯罪預防等。

　　企業社會行銷的利益有：1.支持產品定位；2.產生品牌偏好、建立品牌知名度、增強品牌形象；3.建立（企業）品牌信用；4.喚起品牌認同感、建立品牌社群感、引起品牌參與；5.建立交流；6.增加銷售；7.透過降低成本改善獲利；8.吸引熱心和可信任的夥伴；9.真的造成社會的改變。

　　而企業社會行銷可能存在的問題包含：某些議題跟企業目標不一致；許多議題必須找到醫學或技術專家來合作；通常行為不會在一夕之間改變；準備接受那些不一定是你的顧客的人的指責；甚至是支持企業社會行銷比寫支票要投入更多的資源。

【企業慈善事業】

　　企業慈善事業是指付出金錢、商品或時間幫助非營利的組織團體或個人，通常會採用捐錢、贈與補助金、獎學金或獎勵學術成就、捐產品、捐服務、提供技術專家、提供場所及通路、提供設備。

　　公司慈善事業能創造的利益是建立起受人尊敬的組織聲譽，產生社會的好感及全國性的注意，加強企業所處的產業，建立並保護一個強勢品牌的定位，影響地區性的社會議題，提供非金錢、用實物捐助的機會。

【社區自願服務方案】

　　社區自願服務方案是發自同情心與自願地提供社區服務，其利益是可以在社區建立真實的關係、貢獻給企業商業營運目標、增加員工滿意度與動機、支持其他企業的倡議、增強企業形象、提供展示產品和服務的機會。

　　不過員工自願服務也有一些潛在的問題需要加以考量：1.很昂貴；2.員工分散到各個議題，以致無法產生社會影響；3.員工的努力分散後，沒辦法為公司帶來利益；4.想要追蹤成果，可能是非常困難的；5.想要公布這些成果，可能特別的費勁。

【社會責任商業實務】

　　社會責任商業實務是從事保護環境、與人類及動物權益的業務經營，企業可以改進：場所設計、發展流程、中止產品、挑選供應商、選擇製造及包裝的材質、完全揭露產品的材料、發展員工福利、建立給兒童的行銷準則、保護消費者的隱私。

　　社會責任商業實務有以下的利益：1.降低營運成本；2.增加社區好感；3.在目標市場產生品牌偏好；4.建立有影響力的夥伴；5.增強員工的福利及滿意度；6.貢獻有需要的品牌定位。

這種途徑也有以下的可能問題：1.有些人會懷疑企業的動機究竟爲何；2.尋找實現承諾的行動；3.長期的承諾，還是短期的活動；4.新的實務到底有什麼不同；那麼，原來是怎麼做的？5.等著看結果（看好戲）。

Chapter 4

品牌價值

學習目標

1. 品牌價值是打造口牌最重要的量化指標，而品牌價值的兩大來源是品牌主張與品牌觸點。

2. 品牌主張是由品牌願景、品牌價值與品牌個性所組成。

3. 品牌管理就是管理品牌觸點，改善品牌觸點的印象，就能持續提升品牌價值。

【品牌權益】

　　品牌是一個很早就被提出來的名詞，但品牌到底有沒有價值，引發了兩位品牌大師Aaker與Keller投入研究品牌權益。爲什麼會稱作品牌權益（brand equity）？這是在資產負債表中，資產＝負債＋股東權益，由此可知品牌權益＝品牌資產－品牌負債，這就是Aaker的研究結論。在會計學，資產負債中的無形資產常會列商譽這一項，這隱約是品牌資產的另一種說法。Aaker的研究指出，感知的品質、品牌知名度、品牌聯想、品牌忠誠度與其他專屬資產，構成品牌權益（圖4.1）。

圖4.1　Aaker品牌權益構面

　　Keller則提出了CBBE金字塔模型以顧客爲基礎的品牌權益，這是由Keller提出的品牌知識架構所演進。在品牌知識架構中，可以看出Keller認爲品牌權益最重要的組成是品牌聯想，聯想的廣度、深度，能不能被記起、能不能被喜好。CBBE金字塔模型（又稱「品牌共鳴模型」），更是提出一個由兼具理性與感性的品牌聯想與實施順序，最終

達到品牌與顧客琴瑟和鳴（品牌共鳴）。

　　在Keller的品牌共鳴模型中，把品牌共鳴再細分如下：

■ 品牌忠誠：重複購買的頻率與數量。

■ 品牌依附：消費者不僅對該品牌產生正面的態度，更進一步地描述出
　他們「熱愛」該品牌。

■ 品牌社群：使用相同品牌的人結合而成的社會關係。

■ 品牌參與：當消費者主動投入更多的時間、精力和金錢或其他資源在
　此一品牌，此即最肯定的品牌忠誠呈現。

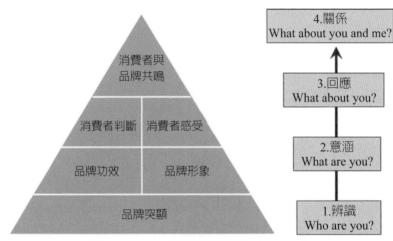

圖4.2　Keller品牌共鳴模型（CBBE）

【品牌親密度】

　　馬里奧・納塔雷與蕾娜・普拉派爾發現，品牌親密度與人際親密度
很像，有四種的親密形式：

■ 認知親密：交換想法、探討彼此的同異之處。

■ 生理親密：感官或情感層面的連結。

■ 情感親密：互相分享內心深處的感覺。

■ 經驗親密：投入某種會產生共有經驗的活動。

有六種原型可以實現品牌親密度：

■ 滿足原型：總是超出期待、落實卓越的品質／服務、物超所值。

■ 認同原型：我希望……、有我強烈認同的價值觀、幫助我表明自己渴望的生活方式。

■ 增強原型：讓我的生活更輕鬆、讓我更有效率、使我變得更聰明、更有能耐、連結性更強。

■ 儀式原型：例行公事／活動的一部分、根植於我人生的重要一環、不只是習慣性行為。

■ 放縱原型：個人奢侈品、讓我感到滿足或放縱、味覺、觸覺、視覺、嗅覺或聽覺的饗宴。

■ 懷舊原型：陪我一起長大……、讓我回想起過去、喚醒記憶和與之有關的溫馨感受。

品牌親密度發展有三個階段：

■ 分享階段：當消費者與品牌雙雙投入並進行互動時，就會出現分享狀態。知識會共享，消費者得知品牌的種種（反之亦然）。在這個階段，品牌吸引力會透過互惠與保證而誕生。

■ 連結階段：當依附感產生且消費者與品牌之間的關係變得更深入、更堅定時，就會進入連結階段。這是一個彼此接納、建立信賴感的階段。

■ 融合階段：當消費者跟品牌難分難捨又身為共同體時，就會進入融合階段。消費者與品牌的認同在此階段逐漸合併，形成相互了解與表達的關係。

在品牌親密度與品牌共鳴中，都強調了品牌與顧客之間深度互動的關係，並將關係再細分為不同階段。所以唯有作為顧客深愛的品牌，與

顧客維持長久友好關係，才有比較高的品牌權益，創造出比較大的品牌價值。

【AATB品牌權益模型】

邱志聖提出策略行銷4C分析——外顯單位效益成本、買者資訊搜尋成本、買者道德危機成本、買者專屬陷入成本。後來以4C架構發展成品牌建立的四大步驟：品牌產品成本效益、品牌定位知曉、品牌信任、品牌專屬資產。後來又整理一些學者的品牌權益，整理成AATB品牌權益模型（圖4.3）。

圖4.3　AATB品牌權益模型

【品牌溢價】

一個好的品牌，會存在「品牌溢價」。我們可以做一個測試，一個星巴克杯子與一個純白馬克杯裝相同的咖啡，然後讓人品嚐並判斷價格。絕大多數的人都會認為星巴克杯子所裝的咖啡比較好喝，而且純白馬克杯的價格大約只是星巴克杯子的3-4成左右，這中間的差價就是「品牌溢價」。品牌溢價不一定都很大，但一個被人所認可的品牌，一定會擁有「品牌溢價」。

所以做品牌的企業，一定要打破性價比的迷思，擁有好品質的產品，並不一定會成為好品牌。品牌除了理性面的性價比之外，還有很多感性面應該要努力，譬如賦予品牌個性、做出品牌承諾、良好的企業品牌形象、消費者的自我表現利益等。

【品牌價值的計算】

　　每一年，Interbrand都會公布全球的百大品牌與臺灣的前二十大品牌，除此之外，BrandZ與Brand Finance也會定期公布品牌價值。由於Interbrand每年會發布臺灣的前二十大品牌，所以是最為國人所熟知的品牌評價系統。另外一家在英國倫敦的Brand Finance，也是一家重要品牌評價公司。Brand Finance調查的產業相當多元，所以臺灣的一些隱形冠軍可能在此找到同產業競爭品牌的排名與品牌價值。WPP集團的Millward Brown的BrandZ，每年也會發表各行各業的品牌評價報告，也是關心品牌的企業一個重要的參考依據。

　　如果把Interbrand、BrandZ、Brand Finance分別都看過，就會發覺彼此的排名不盡相同，估算出來的品牌價值也不同。這是因為品牌價值是根據品牌具備的發展潛力或品牌強度之後，把從現在到未來的可能收益都估算進來，但未來充滿了不確定，所以每一家都有獨家估算的方法，也沒有所謂誰比較準的問題。對這些品牌而言，如果是用同一套的價值估算公式，從今年與去年的比較，就可以知道這一年對品牌的投資是否創造出更大的價值。

　　Interbrand對品牌價值的估算中，用品牌強度來換算品牌折價比率，所以品牌強度可以解釋成品牌強大且可以一直保持領先地位的程度。品牌強度愈強，品牌的折價比率就愈低，創造出來的價值就會愈高。品牌強度，可分為內部指標與外部指標。內部指標又細分為品牌清晰度、品牌重視度、品牌管控力與品牌反應力；外部指標包含了品牌一致性、品牌存在性、品牌交互性、品牌真實性、品牌相關性與品牌差異性。對要做品牌的企業而言，這十大指標可以當作努力與自我檢視的目標，畢竟Interbrand不會幫中小企業衡量品牌價值，所以自我檢視品牌強度的工作，努力做好，品牌就能愈做愈好。

　　Interbrand解釋品牌價值是由於品牌的收入增加與風險降低，而收入增加來自於消費者的需求產生，風險降低來自於消費者需求一直持續著，而需求產生與需求持續又來自消費者從品牌觸點去感受到品牌主

張，所以將品牌主張貫注到品牌觸點讓消費者感受，就能提高品牌價值。

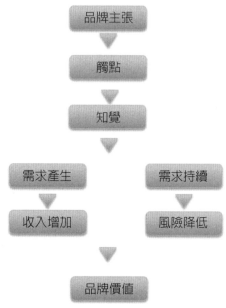

圖4.4　Interbrand品牌價值鑑價方式

資料來源：Interbrand官網。

4.2 品牌主張

　　品牌主張是一個泛稱、綜合體，包含了品牌願景、品牌理念、品牌定位、品牌價值主張、品牌承諾、品牌保證、品牌個性等。而且可能有階層，例如：某一產品品牌是由企業品牌當主品牌，再加上一個子品牌所構成，像Honda Civic，Honda有自己的品牌主張，Honda Civic也有自己的品牌主張，這種階層性品牌主張是需要各自定義、彼此調和。

　　品牌願景（brand vision）是一個有多重定義的名詞，可以只是單

純地描寫品牌遠大且崇高的目標，也可以包含品牌使命——品牌存在的理由、品牌理念——品牌堅持的責任、品牌價值觀——品牌可做、不可做的規範等。品牌願景代表著品牌管理的最高指導原則，這些原則必須貫注在每一個觸點上，產品、服務、領導人發言、行銷傳播、公益活動等，任何的行為、文字、語言都必須盡可能符合品牌願景的規範。

詹姆斯・柯林斯與傑利・薄樂斯（科特等著，變革，《哈佛商業評論》，天下文化，頁30）把願景區分成兩大部分：核心理念與盼願的未來。核心理念說明了企業為什麼存在，可以用核心價值與核心志向來說明，這也接近企業的使命。大凡一家企業的創立並能持續發展，創業者除了想賺錢之外，一定還會有創立公司的基本目的，想要解決消費者的需求或問題，這是企業的核心價值與志向。例如：迪士尼想要帶給家庭的娛樂；可口可樂在歡聚時刻，可以分享歡樂。

品牌個性賦予品牌鮮明的形象，可以是可愛調皮、成熟穩重、飛揚跋扈、大膽莽撞、積極進取……，品牌有了個性，就能讓消費者留下深刻的印象，品牌也會變成消費者自我的延伸。在品牌的實作上，品牌個性影響所有的調性，包括產品的包裝、產品的說明、官網、廣宣……，品牌個性決定了品牌所選用的色彩顏色、所使用的文字語調，以及空間想要塑造的五感體驗。品牌個性與品牌願景是品牌感性面的重要來源。

Jennifer Aaker提出了品牌個性有五大構面：

・誠懇——純樸的、顧家的、誠懇的
・刺激——有朝氣的、年輕的、最新的、外向的
・稱職——有教養的、有影響力的、稱職的
・世故——自負的、富有的、謙遜的
・強壯——運動的、戶外的、粗野的

品牌的個性就跟人的個性一樣，不應該太輕易改變，當一個品牌的個性飄浮不定，就無法形成鮮明的形象讓消費者記住。善變的個性也不

討喜，更不容易將個性貫徹在所有的包裝、廣宣及實體空間中。

　　品牌願景、品牌個性、品牌承諾……最後都濃縮成獨特鮮明的「品牌主張」，再貫注在每一個觸點上，創造出難忘、差異化的消費者體驗，進而形成「品牌偏好」，成為品牌價值的來源。

　　當有了品牌主張之後，品牌管理就有依循的根據。試想看看，如果企業對外的文宣是年輕活潑，跟消費者就像多年好朋友，但在官網上，卻是官方說法、老氣橫秋，打電話到客服部客服人員更是隨時把法律條文搬出來，消費者遇到不一致的品牌印象，只會更不信任品牌。

　　品牌傳播將品牌主張廣而告之，消費者由產品與服務檢視品牌主張，如果實際的表現優於宣傳，消費者就會信任品牌，知道品牌是言行一致。所以在官網、電商、官方粉專、企業影片、產品影片、產品型錄等所有對外的文宣，都要以品牌主張為依歸。一般企業最常忽略這些部分，以為公開找了委外公司比稿之後，就可以全部委由該公司處理。結果設計公司、影片公司、網站設計公司各行其是、各自解讀，雖然都盡本分將事情做好，但在企業沒有介入控管下，傳遞訊息、調性、口吻呈現高度不一致。品牌管理就是品牌觸點管理，就是管理所有對內、對外的訊息與內容，管理的基準就是品牌主張，一個經過精心擘劃且經過高階人員討論獲得共識的品牌主張，是打造品牌的最高指導原則。企業應該要將品牌主張與品牌識別系統編成品牌手冊，成為品牌人員操作的聖經。

4.3 品牌觸點

　　觸點是品牌與消費者之間所有會遭遇的點，企業主必須將「品牌主張」貫徹到每一觸點，才能讓消費者感受到獨特難忘的、完全一致的完美體驗。

【品牌觸點的定義與意義】

什麼是品牌觸點？只要能和消費者接觸的任何管道與人、事、物，都可能是品牌觸點。品牌訊息可以來自數千個不同地方。一般來說，顧客經驗來自消費的購前、購中、購後。購前含括廣告、公關、網站等；購中則包含產品的包裝設計與銷售人員的互動；購後可能是消費者滿意度，或是客服專線、售後保養維修等。

顧客在體驗全套的產品或服務時認為屬於該品牌的一切要素，都是品牌觸點。觸點（contact point, or touch point）是在品牌與整合行銷傳播研究中被提出來，消費者透過觸點接收到品牌傳遞的種種訊息，這些訊息就像線索，提供給消費者拼湊出品牌印象。如果企業名稱就是品牌名稱，利益關係人累積所有的觸點上的印象度，最後構成企業形象，同時，觸點上印象度的累加也影響了忠誠度——長久而穩定的關係。

許多學者都對觸點提出了界定，這些定義有助於我們更具體的掌握品牌觸點的意涵。Lisa Fortini-Campbell（1999）是最早提出「品牌觸點」的學者，她認為顧客可歸因至品牌的任何經驗要素，在任何時間接觸到產品或服務之整體內容的任何面向，甚至於如果顧客將某件事的好壞歸功或歸咎於這個品牌，那件事就是品牌觸點。

Scott M. Davis與Michael Dunn（2004）提出「品牌觸點」的簡單定義為，該品牌能夠與顧客、員工、股東，以及其利害關係人互動與留下深刻印象的各種方法。每一個品牌所操控的行動、戰術與策略，不論是透過廣告、收銀員、顧客服務中心或推薦者，能撼動顧客的，都代表著一種觸點。

Don E. Schultz與Heidi Schultz（2004）則把「品牌觸點」定義為顧客在體驗全套產品或服務時，隸屬於該品牌的一切要素。它泛指一切顧客或潛在顧客在購買前、使用時，以及實際體驗產品後可能接觸到產品或服務的方式。Dawn Iacobucci與Bobby Calder（2007）說明「品牌觸點」是整合行銷方法的特徵，也就是品牌概念的轉化，不只是廣告訊

息和其他協同行銷組合決策，而是化爲特定的顧客觸點，其目標是在創造一個傳導品牌概念的經驗，而且品牌經驗是根據特定的觸點，不論是隱性或顯性，這些接觸能確立一家公司與其目標顧客或消費者之間的互動。

　　品牌觸點，主要有四種不同類型與內涵：

・購前觸點（pre-purchase touchpoints）：品牌在消費者想要進行購買決策時，具有顯著的影響力，亦即這些品牌觸點能進入顧客購買考量集合中。典型品牌觸點爲廣告、公關、口耳相傳、網路、活動、包裝……。
・購買觸點（purchase touchpoints）：促使顧客將品牌由考量集合中選取出來，並且做成購買決策。典型觸點爲產品／服務、直接人員銷售、銷售點、實體商店展示、設施、車輛、網站、顧客代表的接洽。

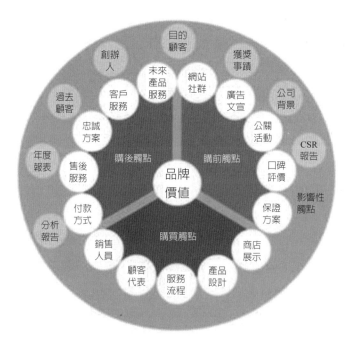

圖4.5　360度品牌接觸點管理

資料來源：智策慧品牌顧問公司。

· 購後觸點（post-purchase touchpoints）：指所有與售後有關的事項，典型觸點為產品品質、付款方式、安裝、顧客服務、保證與退貨服務、維修、顧客滿意調查、顧客忠誠方案、未來產品與服務的創新。
· 影響性觸點（influencing touchpoints）：會間接影響顧客與利害關係人對品牌的印象，如年度報表、社會責任報告、分析師報告、目前與以往顧客。

　　在品牌與整合行銷傳播的研究中，觸點概念的出現是非常重要的，媒體一詞已經無法涵蓋所有消費者與品牌互動的所有點，於是就出現「觸點」概念，而觸點正是消費者體驗品牌所有點，所以觸點也等於體驗點。在傳統廣告學中，認為訊息（message）是透過媒體（media）傳遞給消費者。這個概念，目前已經被修正為消費者在觸點（touch-point）上存取內容（content）。觸點與體驗點都是靜態的概念，再加上時間軸，就會形成顧客旅程地圖。同時觸點也是消費者檢驗品牌主張的線索來源。品牌觸點為行銷指出一條新路，行銷工作者可以在觸點上，而不是「媒體」上，傳遞正確的訊息並維持正面的印象。觸點比媒體涵蓋面更廣，更能描繪品牌與消費者接觸的全貌。

　　品牌不僅代表公司的產品或服務，同時也涵蓋了印象、屬性與聲譽。一個成功的品牌，除了產品與服務必須擁有獨特性與差異性之外，也必須讓消費者的使用經驗一致。因此，對品牌行銷與溝通管理者而言，品牌觸點管理扮演相當重要的角色。品牌印象與顧客關係的經營，企業必須從每一個品牌觸點，一點一滴累積建立。

　　很多公司常把重心放在傳播面向的觸點，如網站、廣告、社群等。事實上，在非傳播面向也有許多重要的觸點，例如：產品設計、服務流程、定價、配銷方式，甚至是業務與客服團隊、通路銷售人員的形象態度，都會影響顧客對品牌的觀感、認知與印象。

　　一個品牌有這麼多觸點，企業可以從消費者在乎、競爭者做得很好，自己卻做不好的項目為最優先考量，立刻進行改善。公司也可以透

過外部調查，評估每一個觸點在這個產業的重要性，公司做得如何、在消費者的印象中如何，以及與競爭者相比又是如何。此外，公司也可以思考哪一個觸點最常被使用。舉例來說，公司有八成客戶都是從網站上來的，那公司網站這個觸點就得花心思持續改善。

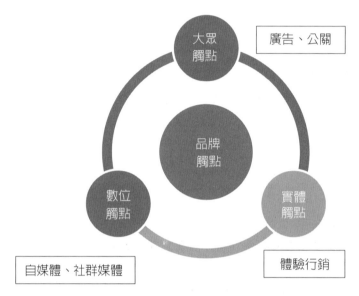

圖4.6　品牌觸點分類

如果把觸點的分類方式從購前、購買、購後與影響，轉換成大眾媒體、虛擬／數位與實體觸點。傳統的廣告與公關主要是透過大眾傳播媒體將訊息傳遞給消費者；在數位的觸點中，自媒體的經營與導流，以及社群上的影響口碑；在實體觸點則可以讓顧客沉浸在品牌的氛圍中，感受品牌的震撼。對行銷人員而言，掌握了大眾、數位與實體三種類型的觸點，就能思考運用什麼樣的品牌傳播方案才可以快速累積品牌知名度，吸引顧客喜愛與購買。

【大眾傳播媒體觸點】

以大眾傳播媒體作為與公眾接觸的渠道，是最常見的公眾溝通形式。比較常見的表現方式是廣告與公關，這兩者雖然在行銷效果的追求上相近，但在本質上仍有很大的差異。廣告與公關不僅在本質意義上不同，在運作的模式、訊息傳播的性質上，也都有很大的差異。因此，我們首先應該區分廣告與公關的差異為何。

公眾由大眾傳播媒體所接觸的訊息，幾乎都可以被歸類為「傳遞保證」（promise）。企業透過電視、廣播、報紙、雜誌所散布的訊息，不外乎是產品上市、企業動態及財報資訊，這些訊息均強烈傳遞出企業正在做或是打算做的事情，這些訊息主要都是在強調這家企業是可被信任，被消費者、投資者及求職者信任，所以企業可能獲得銷貨收入、資金及人才。

雖然可信度的問題，常常是在公眾體驗之後，才能驗證。但由於廣告是出自於企業本身並透過廣告代理商製作而被公開播放，所以企業容易因「投機主義」而故意誇大。相對而言，經過媒體守門人而被報導出來的新聞，被一般人認為可信度比較高，這也是同樣大小的版面露出，公關價值是廣告價值的若干倍。

但新聞報導最大的侷限是一經某家媒體報導，該媒體就不會再重複報導，廣告反而可以根據預算購買媒體來反覆播放，增加觸及率及記憶度。廣告的播出量甚至引發「廣告戰」——競爭品牌在同一期間均大量投放廣告，例如：每年的冷氣、啤酒廣告。雖然未必相信廣告內容，但有能力投放大量廣告的廠商，顯然財力雄厚，也常常是市場的領先群，在產業經濟中有許多這樣的研究，尤其在競爭激烈的寡占市場中，大量廣告曝光常常是競爭優勢的來源。

所以用「非廣告」來定義公關，雖然有助於在實務工作上區分兩者，但如果以公眾在觸點上一點一滴累積對企業的印象及關係的觀點來看，廣告在增加企業形象、促進與公眾關係上仍有其貢獻；反之，不實

廣告所引發的客訴危機、公平交易委員會的制裁危機，甚至是帶有歧視廣告所引發的特殊團體抗議危機，都有賴企業公關人員接手處理。所以從事企業公關的人不應畫地自限，凡是能促進或損害企業形象與公眾關係均是公關的工作。能事先預防，避免危機的發生，才是處理危機的最高指導原則。

1. 電視

電視是極具影響力的觸點，比起其他大眾傳播媒體，電視的影音效果，常能造成深刻的印象，但不論是在新聞或者是廣告上，都有一個「門檻」，這個門檻來自於守門人機制及預算限制，所以能在電視上曝光的品牌，至少證明是財力不錯，符合某種資格的。

除了新聞、廣告之外，在節目中巧妙的置入，常常會引發觀眾的消費動機。目前當紅的韓劇，許多拍攝景點，都成為熱門的旅遊聖地。前幾年，因為某一無線臺的戲劇中主角就是賣豬腳，豬腳也成為該臺的熱賣商品。以前有一段時間，綜藝節目的贈品是置入品牌的舞臺，這幾年講美容、美食的節目歷久不衰，也成為新的置入戰場。

有些偶像劇跟電影一樣，在拍攝之初，便與許多廠商談好置入，以籌募一開始的拍攝經費，舉凡食、衣、住、行、育、樂，每種類型都有可能置入，譬如客廳裡的電視、冷氣、喝的飲料、出門開的車子、用餐的餐廳，甚至是工作地點、遊玩的景點……。

2. 報紙

雖然閱報的人口有逐年降低的趨勢，但每天出刊的報紙，仍是許多人的資訊或八卦來源，報紙以文字為主，圖片為輔，與電視相比，報紙擁有可自行反覆閱讀，以及比較謹慎處理的新聞。現在許多電視的晨間新聞常常直接播報報紙的頭條，或者以報紙的報導為來源，再做深入報導。

以資訊接收的觀點，電視常常是人被動地接收——電視一直播放，

觀眾一直看。報紙則是主動閱讀，讀者挑選有興趣的新聞或廣告，仔細閱讀文字，甚至可以邊思考、邊比對，例如：燦坤與全國電子經常把促銷訊息放在報紙內。報紙還可以保存，所以對企業而言，報紙比電視的門檻低，但依舊是重要的觸點。

3. 雜誌

雜誌區分為週刊、雙週刊、月刊等。雜誌與報紙都是平面媒體，但雜誌的分眾性較強，例如：汽車雜誌是給想買車或喜歡車子的人看，也有給新手媽媽看的、給注重健康的人看的、給喜歡時尚流行的人看的……。另外雜誌相對上，印刷比較精美；也由於有比較長的作業時間，所以會針對一些新聞議題做深入的追蹤探討。

對於目標市場很明確的品牌，雜誌會是成本效益比較高的觸點。另外，雜誌也是產品置入的重要平臺，因為雜誌喜歡幫消費者做產品的性價比，被雀屏中選的品牌，尤其是對一個新進品牌，能與知名品牌放在同一天平上衡量，常常會令消費者刮目相看。

4. 廣播

廣播只有聲音沒有影像的特性，讓許多沒辦法看電視的人選擇廣播，特別是駕駛、攤販、作業員、學生及老人家。所以，廣播也是這些族群重要的觸點。廣播最特別的部分，是有些節目主持人還會兼播廣告，許多藥品就是透過這樣的管道銷售。

【實體觸點】

實體觸點是指透過消費者與人、與產品、或與服務直接面對的活動安排，親自接觸並體驗品牌所欲傳達的理念、形象認知與資訊。消費者活動是面對面的實體接觸，許多汽車會舉辦車友會，透過車友的社群活動來凝聚顧客的忠誠度。試用體驗活動讓潛在消費者在不用支付費用

前，就能感受產品、服務。由廠商所提供的產品、服務則是另一種的實體接觸，許多的客訴都是來自於產品本身或是消費者由媒體所獲得的訊息與使用產品後所產生的落差而產生。

實體觸點通常代表企業的「履行保證」，公眾得以真實的接觸到企業的人、產品、服務，傳遞承諾帶給公眾對企業的一些期望，實體接觸帶給公眾實際的感受，當實際感受大於等於期望時，公眾會產生正面的印象與滿意度；反之，實際感受比期望差，就會產生負評與不滿意。

以下我們介紹幾項實體觸點的範疇，這些範疇或許不如大眾傳播觸點一般，可以用不同的媒體載具來劃分，但是不同的實體觸點的例子中，訴求親自體驗與感受的宗旨是不變的。

1. 產品

產品幾乎是最重要的觸點，因為消費者會真實使用到產品，產品的功能優劣與外型設計，構成消費者的主要印象。蘋果的iPhone、iPad、iPod都令人為之驚艷讚歎，產生了許多粉絲。產品的使用年限愈長，產品觸點的影響也愈長，像大同電鍋，是許多人記憶中的長壽商品，連帶地，大同品牌也給人耐用的印象。

對於大部分的消費者而言，產品功能高低大都在購買前已經知道，除非產品宣傳過度誇大，或是產生人身安全上的問題，才會造成消費者糾紛。其中，電器產品比較容易有這類的問題，不良的設計可能導致漏電、自燃，甚至捲入機器。塑化劑汙染食物又是另一種狀況，因為食品在製造過程中被摻入或滲入塑化劑而被吃入人體。雖然公關人員未必能在產品的研發設計階段都能參與，但企業公關人員仍應關心產品本身的安全，以避免後續危機的發生。

2. 賣場

網路的方便，讓許多人在購買前就已經做足功課，但很多人應該都會有一個經驗，到了賣場之後，找不到該項產品，再經過賣場人員的解

說推銷之後，回家換帶另一個品牌。

透過經銷商銷售的產品，常常是廠商比較忽視的部分，但是在經銷商處的陳列擺設及銷售人員的解說，卻是消費者第一手的訊息來源。消費者可能會注意到為何一些大賣場、便利商店尚未把目標品牌上架，卻產生負面的假設，有些賣場銷售人員也會因為利潤或者是個人喜好，去鼓勵或打消消費者準備購買的品牌。對於商品必須完全透過經銷商銷售的企業，公關人員不應放棄關注這些重要的觸點，許多被精采的公關報導所勾起的購買欲望卻可能被經銷點的不佳印象完全打散掉，顯得企業力有未逮。

產品在賣場的陳列，可以觀察出品牌本身的暢銷程度與賣場欲推銷的程度。大部分的商品都是在兩者角力之下，陳列在貨架上。所以當我們想買的品牌沒有出現時，大部分人的第一念頭是，這品牌是不是沒什麼名氣？有時候是品牌商不願意進這一個賣場，但消費者未必知道。

賣場經常拿來促銷的品牌，常常也會透露訊息。在某一賣場經常拿來降價促銷的品牌，如果是在別的賣場沒特價，就有可能是犧牲打，賣場把知名品牌降到成本價，以吸引顧客上門，通常這品牌是很多人本來就要買的品牌，才能產生這樣的誘惑力。

賣場人員對每一個品牌的看法評價，會影響一些沒有事先做功課的消費者，也是消費者重要的購買資訊，雖然每個人幾乎都知道賣場人員傾向推銷利潤好的產品，但總有一些賣場人員會站在消費者的立場，推薦最適合的產品。

賣場本身的定位，也會影響品牌，例如：捷安特自行車就不願意在量販店、大賣場銷售，怕被定位成平價自行車。許多商品寧可在百貨公司設櫃，也是基於這樣的想法。在賣場中，消費者除了可實際接觸產品，也可以從賣場的定位、陳列、賣場人員等，獲得許多線索，來判斷產品。

3. 服務

　　客服及保固維修是近年來企業在產品同質化愈來愈嚴重之後,開始企圖以服務來增加差異化,其中客服中心及維修人員成為購買產品後的可能觸點。許多原本單純的客訴,可能被處理不當的客服人員激化成嚴重媒體爆料。所以公關人員與其忙於打給媒體滅火,不如對於已經可能變成客訴的案件,宜即時介入處理。而且據研究發現,獲得滿意解決的顧客,通常更願意推薦其他人購買,或是自己再購。

　　對服務業而言,服務就是商品,在服務的過程中,往往是幾個關鍵時刻,即消費者直接與服務人員接觸互動,所構成的印象。例如:住飯店,可能就是訂房、check-in、check-out,這幾個動作必須直接與服務人員互動,但不理不睬或沒禮貌的回應,都有可能讓消費者暴跳如雷,留下極負面的形象,愈是高價的飯店,愈是想要求好的服務。服務人員的服裝、服務場所的實體設施,都是消費者感受品質的重要線索,例如:將捲筒式衛生紙的末端摺成尖型,能讓使用者感受到清潔人員的用心。

　　客怨、客訴的即時正確處理是服務業重要的一課,俗語:「嫌貨才是買貨人」,有些的客怨是愛之深、責之切,如果能夠立即處理、安撫情緒,就有可能變成忠誠的消費者。由於許多顧客都是沉默不願反應,所以遇到客訴事件寧可視為冰山的一角,從流程中去改善這個疏失,切勿當作僅是個案,過了就忘記。

4. 實體活動

　　舉辦消費者活動,可以促進消費者試用或購買,如夏天最容易看到啤酒節活動;或是凝聚顧客忠誠度的活動,如哈雷機車車友會,是傳統公關最容易施力的觸點。這種由企業官方所舉辦的活動,最重要的基本原則,要舉辦就要呈現出最佳的企業形象,否則寧可不舉辦。所以即使是委外舉辦,企業內的公關人員仍應關注整體活動是否將企業做最好的

呈現，避免任何有損害或不符合企業定位的事情發生。

研討會是高科技產業接觸顧客慣用的方式，透過教育新知的方式來介紹新產品，或是接觸潛在顧客。參加展覽是企業接觸陌生顧客最常用的手段，特別是B2B的企業。法說會及籌資路演是吸引投資者的活動，校園徵才活動是招募新人的活動，家庭日、尾牙、運動會是凝聚員工向心力的活動。這些實體可能是由財務、人資、福委會等部門去執行，但事關各類利益關係人，公關人員應該關心活動的成果是否能促進關係的增長。

參展是企業擴展業務常用的方法，透過展覽主辦單位的宣傳，參展商常常可以得到許多新的商機，特別是國際業務的拓展。所以許多廠商會裝潢攤位與設計活動，來表現實力，並讓參觀者可以在眾多參展商中願意駐留腳步，深入商談。

5. 戶外廣告、車廂內廣告、車體廣告、站內廣告

這幾個觸點都是以廣告的方式來呈現。如果目標顧客是有區域性或有固定搭乘大眾運輸工具、自駕者，這幾種廣告常常能很有效地接觸到消費者。像在臺北都會區，許多上班族、學生都搭乘捷運，所以在車站內、車廂外或車廂內都有廣告。

特殊的戶外廣告常常會引發話題，例如：很多年前的Ford Escape就曾懸掛在大樓外而引發媒體報導。類似這種本身是廣告性質的內容，卻利用議題設定與操作，促成大眾媒體甚至新聞的報導，以公關形式來強化其宣傳效益，也是一種靈活的行銷傳播效果。

【數位觸點】

近年來，網際網路上網站、部落格、討論區、微網誌、社群媒體及電子商務已成為重要的品牌觸點。許多人透過網路上討論、追蹤，成為粉絲的種種作法來了解企業及產品。也因為網路上社群網站性質的熱

絡，使得許多行銷操作出現了新的途徑與方式。網路平臺所能含納的對話容量，以及網路社群內接觸頻繁、訊息密集，甚至匿名性的種種特質，都使得社群與網路的觸點變成現代行銷中愈來愈重要的一環。

數位觸點已經成為年輕人在購買商品前，取得商品資訊的重要工具。數位觸點混合著前兩類觸點的特性，但又能與網友互動討論，所以特別獨立出來介紹。

1. 官網

企業的官方網站（簡稱官網），是放置最完整企業與產品資訊的地方，雖然官網由企業所建置，許多企業的重要資訊，常常會經由官網取得，例如：財報、產品介紹、公司簡介等。官網必須經常更新，當產品多的時候，維護官網需要技術、人力。

2. 部落格

部落格可以由企業建立，也可以由私人建立，官方部落格，通常扮演與官網類似的角色。部落格通常是制式格式，沒辦法有太多變化，但是卻方便更新——特別是更新文章，所以成為許多小企業建立官網的工具。

私人的部落格，由所謂的「部落客」建立並撰寫文章，這些文章可以因個人的興趣而選材。有些人喜歡美食、旅遊，女生則對美妝、美容有興趣；也有人寫汽車、3C產品。許多人就是單純地把消費經驗寫在部落格上，與好友分享。但因為部落格是對大眾開放的，所以透過搜尋引擎，可以把一些文章找出來，這些文章常常也會影響某些人的消費決策。特別是經驗產品或信任產品，那些費用不低，使用年限很長，卻影響很大的商品，就愈需要參考別人的經驗。

有些企業也看到這樣的商機，所以會給活躍的部落客或網紅試用，讓部落客或網紅寫試用心得，但讀者一旦發現單純的部落格有商業行為時，也會降低信任程度。如同在大眾傳播媒體的廣編稿，目前開始有聲

音要求，如果是廠商提供試用的商品，必須明確寫出來，讓網友自行判斷可信度。

3. 討論區、BBS

討論區其性質與BBS類似，所以放在一起探討，以下用討論區一詞代表兩者。許多人購買產品會詢問他人，以前沒有網路時，是詢問親朋好友，在網路上，只要於討論區大膽地問問題，也會有人熱心的回答。

網友忠肯的回答，常常令發問者獲益良多，但許多業務、行銷人員也發現了討論區的力量，所以會參與討論、提供建議，只要不惡意攻訐，並願意公開身分，倒也無可厚非。但目前討論區中，開始出現許多匿名的打手，只吹捧某品牌，卻一直攻擊其他品牌，這樣的亂象，造成網友必須自己能分辨誰的話是可信的。一般而言，只要常爬文，大概能分辨的出來。但是大部分的人都是要購買前，才會上網搜尋，要搞清楚誰的話是可以相信的，得要有一些功力。

4. 社群媒體：臉書（Facebook）

臉書是社群媒體（social network），許多人在臉書上用真實姓名與自己親朋好友，分享訊息。臉書上面可以建立粉絲團，像部落格一樣，可以發表文章，但與部落格最大的不同在於：部落格須連入該網址，看看有沒有更新，所以如果有十個有興趣的部落格，就要連到十個網址，有「我的最愛」幫忙，也不算太麻煩；但臉書只要進入後，你有興趣的人或粉絲，最新的訊息會直接出現，不必再連到別的網址。

臉書對品牌、企業形象的影響，仍有待觀察。有些企業是混合著臉書與部落格——在部落格發表文章，由臉書通知大家，或是與網路新聞媒體結合，在臉書上引用新聞。

5. 購物網站

有些企業未必有自己的官網，所以購物網站成為產品曝光的主要管

道，也成爲消費者比較產品的重要平臺。網購大都由幾張相片加一些文字說明，許多廠商會抓官網上的資料，購物網站是值得企業重視的觸點。

產品品牌管理

1. 產品品牌是品牌打造過程中最常見的形式,分辨企業品牌與產品品牌,並了解兩者的交互作用。

2. 品牌知名度、指名度、忠誠度,是打造品牌的重要三階段。

3. 開創品類雖然辛苦,但成功後卻享有先占優勢。

4. 產品品牌的打造需借助行銷,但仍有一些不太一樣的觀念。

本章將探討企業所提供產品與服務的品牌，但為了簡化敘述，所以不管是產品品牌或服務品牌都統稱為「產品品牌」。一般人講品牌通常是指產品品牌，但因為許多產品品牌是直接使用企業品牌，所以在這個情境下產品品牌等於企業品牌。在釐清企業品牌與產品品牌之間錯綜複雜的關係，並以「品牌組合策略」（brand portfolio strategy）加以整理之後，將會發現企業品牌與產品品牌打造時相輔相成、禍福與共。

【企業品牌與產品品牌】

　　許多產品品牌的主品牌是沿用既有企業品牌，所以企業品牌的形象、聲譽、識別、價值等都可以由產品品牌來承接，企業品牌與產品品牌互相影響。在策略管理中，通常把策略分成三個層級來討論：企業（集團）層級、事業層級與功能部門層級。在傳播領域有企業傳播與行銷傳播之分，行銷傳播的工作通常占全部企業傳播工作的一半以上，所以在概念上，雖然行銷傳播被包含在企業傳播中，但實務上，企業傳播常常是做行銷傳播不做的部分，例如：企業社會責任、社區關係、政府關係等。這樣的概念也影響著公關領域，所以公關也分成「企業公關」與「行銷公關」，絕大多數的公關人員都在從事「行銷公關」的角色，似乎「企業傳播與行銷傳播」或「企業公關與行銷公關」都是壁壘分明的工作，但如果轉換成「企業品牌傳播與產品品牌傳播」或「企業品牌公關與產品品牌公關」時，就會察覺品牌貫穿了企業的上下，當企業品牌因為CSR活動，而增加了知名度與正面形象時，這些品牌權益能擴散給使用企業品牌當主品牌的產品品牌，所以該產品品牌也會因此而增加銷售量。反過來說，如果有一個產品品牌因為受到消費者的喜好推崇，因此廣為人知，一樣會反饋給企業品牌，增加企業品牌的品牌價值。

　　所以引入「企業品牌」與「產品品牌」的概念，企業與行銷之間關係會更加清楚。所有在「企業品牌」的努力下，不論是CSR、雇主品牌與資本市場的股票代號，都能加惠產品品牌，所有產品品牌的銷售收入

也都能增加企業品牌的價值，但前提是要能妥善處理品牌組合策略，才能讓每一個產品品牌有清楚的定位，也能讓企業品牌獲得最大的價值。

5.1 產品品牌的基本元素

【新產品命名】

當品牌只被認為是一個英文單字或是一個中文名詞時，當有新產品要推出，自然而然，只有兩種決策：沿用既有品牌、或是另命名新品牌，其實運用「既有品牌＋描述字」可能是更好的選項。沿用既有品牌的識別系統，可以讓消費者一眼就可以辨識出來，也增加了信賴感，加上描述字之後，就不容易有定位混淆的問題。

一般企業的做法，品牌延伸就是把同樣的品牌名稱放在企業不同的產品類別上，但根據品牌組合策略，新的品牌命名多了以下選項：

- **既有主品牌＋產品描述字**：用已存在的品牌，常是企業品牌加上產品的描述字。在英文企業品牌名稱與產品描述字各是一個英文單字，所以由兩個英文單字組成品牌名稱，例如：HP PC、HP Printer；在中文常是兩個名詞，名詞之間要有空格，例如：惠普　電腦、惠普　印表機。
- **既有主品牌＋新次品牌**：用已存在的品牌，加上新品牌名稱，類似母雞帶小雞的概念，例如：SONY VAIO、SONY XPERIA。
- **新主品牌＋既有背書品牌**：用全新品牌加上已存在品牌背書，通常是以企業品牌背書，例如：海倫仙度絲，由P&G背書。
- **全新品牌**：這算是臺灣企業最常用的方式，但也是最不建議的選項，如果上面三個選項都不適用，才應該考慮。

但在實務上，可以衍生更多變化，例如：主品牌＋描述字＋次品牌、主品牌＋次品牌＋描述字……。但多打一個全新品牌，就需要多一筆行銷預算，需要在預算、品牌清晰度與整體品牌價值中去取捨衡量。

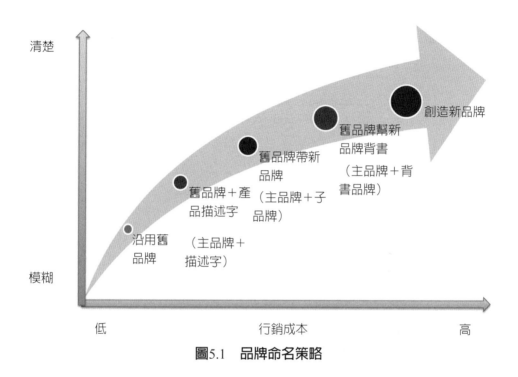

圖5.1　品牌命名策略

【品牌組合策略】

　　品牌組合策略是品牌大師大衛・艾克（David Aaker）的一個重要的研究成果。要講品牌組合策略之前，必須先講「品牌延伸」，在「品牌延伸」之前，先提一下「定位延伸」。

　　賴茲與屈特（Ries & Trout）1969年在《產業行銷雜誌》提出：「定位其實是指你對你所要影響的人的心理造成改變，換句話說，就是將你所要推銷的產品在他的心理占有一席之地。」這個概念影響了行銷領域。要做產品行銷一定要先找出定位。定位是消費者心中的一個位

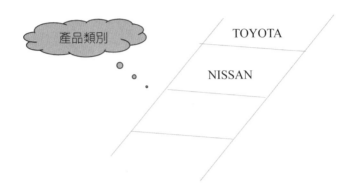

圖5.2　品牌組合策略之品牌定位延伸

置，就像在樓梯中的某一階，而這一階並不是由企業所決定，而是由消費者決定。在定位及後續出版的書中，也提到「第一名」的優勢就是消費者會牢牢記住，第二名還會記住，第三名之後就不太能記住了，所以定位最重要的就是要搶第一，成為第一個xxx，甚至成為這一個產品類別的代名詞。

　　另外，賴茲與屈特也提出「定位延伸」的問題，兩位大師極力反對「定位延伸」這一件事，就是企業把「代名詞」放在第二種產品上，因為這樣會稀釋定位。由於定位概念的成功，「定位延伸造成定位稀釋」也成為金科玉律。

　　品牌延伸的研究正好打破了「定位延伸」的魔咒，一個品牌是可以放在不同的產品上面，既可快速拉抬新產品的可見度，降低行銷費用，更可累積品牌價值。產品有生命週期，有生有死，但品牌可以是永恆，所以品牌可以延伸，正是讓品牌可以生生不息，一直繁衍茁壯，投入打造品牌所產生的價值也就可以持續累積。

　　沿用既有名稱可以讓消費者在原有品牌信任基礎下，願意嘗試購買新產品，這是很多新品牌最難克服的挑戰，消費者常常只願意挑選熟悉品牌的產品，就是不想踩到地雷。品牌組合策略正是奠基在品牌延伸的研究基礎上，並解決了「定位延伸魔咒」。

在介紹品牌組合策略前，要先介紹一些品牌詞彙：

· 主品牌（master brand）：在產品上最明顯的名稱。
· 次品牌（subbrand）：或稱「子品牌」，在產品上，次要明顯的名稱，可以增加或修正在特定產品市場中主品牌的聯想。有人稱「副品牌」，但因爲會跟「副牌」混淆，所以不建議使用。
· 背書品牌（endorser brand）：通常是企業品牌，可以幫較不知名的主品牌背書，增加可信度。
· 描述字（descriptors）：通常是描述產品功能。
· 產品品牌（product brand）：使用企業品牌作爲產品的品牌。

　　品牌家族是由多品牌組成，由百靈、吉列、金頂、海倫仙度絲、潘婷……所組成的P&G品牌家族，這算是最符合賴茲與屈特的理論。品牌家族最大的好處，爲每一個品牌都有獨特的定位，但最大的壞處是每一個品牌都要編列預算。

　　品牌屋（a branded house）或稱品牌傘，是由主品牌＋描述字組成，因爲有綜效、清晰、槓桿的優點，品牌屋應該是建立新品牌的預設選項。品牌屋的命名，可以應用在企業品牌，如亞培與LG的旗下所有企業。

　　在多品牌的企業中，打群架會比單打獨鬥好，所以「品牌組合策略」正是討論當企業擁有多品牌可以形成團體的優勢，各品牌各司其職，發揮更大的綜效。品牌組合策略可以從品牌的命名、品牌的角色，以及形成堅實的陣法與戰術，讓品牌可以更有效的防禦或攻擊競爭品牌。

圖5.3　品牌家族示意圖

【副牌／副廠、戰鬥品牌】

在臺灣，產品品牌中，有一個很有趣的議題是「副牌」，「副牌」並不是一個學術名詞，但卻常常被提到。有開車的人應該特別有感覺，當車子不是回原廠維修時，維修廠通常會問要不要副牌（或副廠）的

零件。副牌通常是指與原廠功能相同，卻不是原廠的產品，價格較原廠低，通常副牌似乎也比較不耐用。有時「仿冒品」也被稱「副牌」，但仿冒品有侵犯智財權的問題，不在此討論。

為了「副牌」，有時也逼原廠出「副牌」，為一個比原品牌較便宜的品牌。Intel在Pentium（奔騰）之外，出了一個Celeron（賽揚），Celeron就被當作是Pentium的副牌，如果以Aaker的定義，Celeron應該算是「戰鬥品牌」。戰鬥品牌是為了因應競爭對手的低價攻擊而產生的品牌，如果原品牌（如Pentium）降價發生攻擊競爭對手，通常價格戰之後，價格也回不去了，但延續原品牌的形象，價格比較低的戰鬥品牌仍是會引發消費者的好感，既可以跟競爭者爭搏，原品牌也不必降價回應。戰鬥品牌可以階段性地操作，功成就可以身退，也可以持續存在，持續保護原品牌的側翼。

【品牌識別系統】

品牌所有的聯想、承諾、願景、個性等主張，通常會整理成「品牌識別系統」，以供品牌操作時參考，所有參與品牌打造的人員都應該時時參考「品牌識別系統」，所做的品牌決策都應該依循而不違背。獨特且一致的品牌管理，才能獲得鮮明的品牌印象。

艾克（Aaker）認為品牌識別系統包含了：品牌要旨、核心識別、延伸的品牌識別、功能性利益、情感性利益、自我表達型利益與品牌—顧客關係等。

常常有人會直接引用CIS（企業識別系統）的VI（視覺識別）、MI（理念識別）、BI（行為識別），但CIS顧名思義是應用於企業品牌，特別在理念識別與行為識別兩者皆以企業為主體。產品品牌不管是使用企業品牌當作主品牌或作為背書品牌，在設計產品品牌的logo時必須考慮原本企業品牌的logo如何融入在產品品牌中，甚至產品品牌是以「企業品牌＋描述字」的方式，則不宜過度改動原有的設計。在產品品牌

中，通常只針對VI的部分，而不處理MI與BI。

產品包裝是最能直接表現產品品牌識別系統，所以當呈現方式錯誤時，也可能誤導消費者而毀了產品品牌。例如：產品品牌是以「主品牌＋次品牌」方式來呈現，則主品牌的尺寸不應小於次品牌，以免喧賓奪主，造成消費者錯誤的解讀。另外為了美觀，常常會把包裝上的logo設計得太小，卻忘了品牌存在的目的之一，就是為了讓消費者容易看到、找到品牌商品而購買。所以在包裝上除了設計上的美觀之外，也應考慮產品品牌的正確呈現方式。

企業品牌影片可以闡述企業品牌的理念，而產品品牌影片能告知消費者如何使用產品的情境與方式。透過影片比使用文字更能感受品牌想要傳遞的訊息，目前在電商上的銷售，也都會連結一些影片讓消費者更加了解產品與品牌。而透過網紅的使用體驗影片更貼近民眾的生活，消費者將能想像自己實際使用會遭遇的場景。

以往做完品牌的前期規劃設計後，最主要的呈現就會在產品包裝、型錄簡介中，企業品牌則放在企業簡介中，現今官網是最主要呈現的地方，有時官網的內容，也會被引用在電商上的商品頁，所以官網成為品牌最完整揭露資訊的所在。品牌官網可以隨時更新，永遠只放最新的資訊，消費者也可以隨時搜尋官網取得最新的資訊，是比印刷設計物更好的選擇。

品牌規範手冊，有時被稱品牌聖經，定義了品牌的所有標準字、標準色、輔助色、使用時的規範、可用或不可用的範例。在全球品牌中，更定義可不可以因地制宜更改的部分，成為企業內品牌使用上的最高指導原則，特別在任何設計物，都應該確實以品牌規範手冊來管理。

5.2 打造產品品牌三階段

產品品牌的利害關係人就是消費者、顧客，所以了解消費者在購買

的過程中，到底經歷了哪些過程，將更能了解品牌在購買的作用，以及該如何促進消費者購買品牌商品。

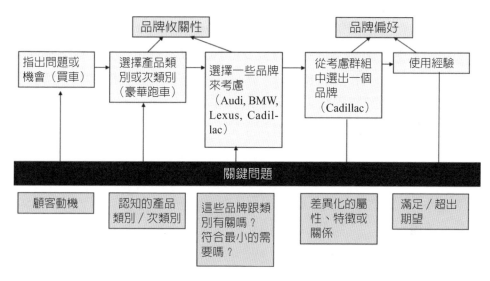

圖5.4　品牌組合策略

資料來源：David A. Aaker, *Brand Portfolio Strategy*, p. 92.

打造產品品牌，可以分成三個階段：

1. 擁有品牌知名度：一個新品牌，首先要能在消費者想購買時能被想起。
2. 擁有品牌指名度：如果品牌能被消費者指名購買，就進入第二階段。
3. 擁有品牌忠誠度：當消費者購買過產品後，能成為忠誠顧客，是第三階段。

【品牌知名度階段】

顧客的消費決策通常從打算購買哪一個產品類別開始，例如：洗衣機壞了，想買新洗衣機，接下來會從腦海中或是網路上尋找有哪些品牌，有些人會直接選中某個品牌，代表這個人對這個品牌有偏好，這也

是「快思慢想」所說的模式1——直覺思考；但有些人，特別是新購買者，可能會仔細比較所有能找到的品牌、機型、型號、價格、功能等，這就進入了模式2——慢想。

大凡一個產品類別會有一些相同的特徵，例如：滾筒式洗衣機，就是洗衣筒是水平滾動，有別於直立筒的洗衣機；變頻式冷氣有一個變頻的壓縮機。凱勒（Kevin Keller）稱這個是產品類別的相同點，簡稱類同點（POP）。一般行銷人員只注意到差異化，卻忘了強調類同點。類同點提供了一個錨點，讓消費者記得把品牌放在腦海中的產品類別中。

一個被消費者想起並放入考慮集合的品牌，被認為有「品牌攸關性」。有「品牌攸關性」的品牌擁有產品類別的相同點（point of parity），當大部分消費者在產品類別中總是記不起來的品牌，就會被認為是「墳墓品牌」，除非起死回生，不然這個品牌已經沒什麼價值。

「產品類別—品牌攸關性—品牌偏好」：首先，要想好品牌究竟歸屬在哪一個或哪幾個產品類別，這是一個挑戰，很多時候，我們只能看到品牌被電商歸類的類別跟我們的預設不同。但這不一定是電商的錯，因為消費者的認知，比起廠商單方面的設定來得重要。當決定了產品類別後，再來就是賦予「品牌攸關性」，確保消費者在購買時能想起，如果這一關都過不了，再獨特的差異性，也無法被選中。

艾克（Aaker）提出「品牌能量因子」與「品牌差異因子」，其中品牌能量因子是由品牌的產品、廣宣、贊助、符號、方案和其他實體所組成，可以對目標品牌產生強化及活化的效果。品牌要能被記得，首先要被看到。品牌的能見度就很重要，如何在顧客的接觸點上讓顧客看到、聽到、感覺到。能被看見，才有被記起的可能性。

所以品牌能量因子最主要功能就是被消費者看見，所以要一直曝光。產品是最容易持續被看到的因子，特別是新產品的發布，會帶給消費者一種源源不絕的品牌活力感，精準而高聲量的廣宣能讓品牌更快讓消費者接觸到。贊助提供了另一種曝光的管道，長期的品牌（公益）計畫帶來持續地發聲機會，活躍的創辦人或領導者也常常搶占媒體的版面。

【品牌指名度階段】

在品牌考慮集合中，能進一步被挑中的品牌，通常具備顧客喜歡的特點，也就是不同於其他品牌的差異性，所以被稱作「品牌差異性」或更進一步稱作「品牌偏好」。品牌具備「品牌攸關性」與「品牌偏好」，就會在顧客的購買決策中，被想起、被挑中購買。功能是品牌偏好來源之一，但是擁有獨特個性的品牌常常能在一群品牌被辨識出來，所以理性與感性的訴求同樣重要。在凱勒（Keller）的CBBE模型中，可以清楚看出這兩條路徑。

品牌差異因子（brand differentiator）是由主品牌或次品牌的特色（feature）、要素（ingredient）、服務、方案（program）所定義出來，其中品牌特色（brand feature）是商品所擁有的屬性可帶給顧客利益、品牌要素（brand ingredient or branded technology）是在商品中可以暗示利益和（或）信賴的感覺、品牌服務（brand service）是指藉由服務來增加商品、品牌方案（brand program）附加在提供物上，並且藉由可連結提供物和品牌的一些方案來擴展品牌。

品牌差異因子是品牌獲選的關鍵，沒有攸關性不會被記得，沒有後面的差異性造成的偏好，不會被挑中，兩者都一樣重要。

【品牌忠誠度階段】

品牌使用後的美好體驗回憶，是形成品牌忠誠度最重要的部分，所以表現在行為上，會再購商品、會推薦商品，也會在同品牌推出全新類別商品時，會想要購買。體驗不限於使用，在購買的前、中、後都會影響到體驗後的印象好壞，有時極佳的商品，也會在不好的維修體驗下，變成不好的印象，但沒什麼差異化的商品，也可能在極佳的維修體驗下獲得顧客的好感。

忠誠度強化「品牌偏好」變成「偏愛」，對此品牌有莫名其妙的喜愛，是品牌最重要的資產，凱勒稱此為品牌共鳴。

5.3 開創新品類

【成為品類代名詞與先占優勢】

　　幾乎全球百大品牌，大都位居該產品類別或子類別（以下簡稱「品類」）的第一名，這些品牌都是因爲打敗所有競爭對手而成爲第一名嗎？其實是大部分的品牌都是新品類的開路先鋒，所以也享有先占優勢（first-mover advantage）。一旦消費者認同了新的品類，這時新產品品牌就幾乎成了品類代名詞，iPhone就當了智慧型手機代名詞一陣子，其他的品牌如Samsung、Sony、LG……，都像是跟隨者。iPhone的每一支新機都成爲注目的焦點，Apple品牌價值也屢創新高。

　　在定位理論中，消費者大都只會記得第一名或第二名，到第三名後就不容易記得，所以一個成功的品牌，應該都是占據在產品類別的第一名，因此消費者想要買該產品類別時，就立刻聯想到該品牌。產品類別可以不斷地分支產生新子類別（或稱次類別）出來，但關鍵在於消費者是否認同新類別的存在。例如：在手機類別下，Nokia曾雄霸冠軍寶座多年，一直到蘋果iPhone手機創造出「智慧型手機」的子類別，取得智慧型手機的龍頭地位。新的品類並非喊了就會有用，有時消費者很難分辨差異，而不覺得是新類別，例如：多年前的華碩Eee PC是不是全新的品類，微軟的Surface究竟是平板還是筆電或是……，一個全新的品類要被消費者認同，需要有能力去定義品類的關鍵特徵（POPs）是什麼。拋棄式刮鬍刀的特徵是廉價到用一次就可以扔掉；變頻式冷氣是使用變頻馬達，以及消費者的感受是恆溫、馬達不會開開關關；滾筒式洗衣機是從前方開門。每當有一個全新的品類，都在挑戰消費者的分辨能力。

　　如果一時之間，無法當品類代名詞的話，任何品牌都得好好地自己問自己，究竟是屬於哪一個品類，這個品類中究竟有哪些重要特徵是消費者一定需要，但爲了與競爭者有所差異，所以有哪些特徵是跟競爭者

不同，這是消費者的決策過程，也是品牌主必須自己找出答案。

　　品牌為什麼需要選擇產品類別呢？

1. 以產業經濟學的觀點，有一些產業的獲利是比較好一點，為什麼好呢？因為競爭比較不激烈，可以擁有對顧客的定價能力，沒有厲害的競爭者……，所以應該選擇獲利好的產業進入。

2. 因為在位者太強大，選擇進攻弱點，避實擊虛，最好能攻擊到在位者無法救援的產品類別。在創新的兩難中，曾提到大企業為了提高利潤，放棄了利潤不佳的顧客，但新進者以功能較少且較低價的產品類別取得了這些顧客。

3. 存在尚未開發的處女地，只要能找到，並築起高牆，就能圈地為王，不然也會有先占優勢，成為品類第一名。

4. 專心才能把事做好，顧客的需求太多元，必須集中火力滿足某一群顧客，再考慮滿足其他的顧客。

　　需要再進一步深入考慮的問題有：

1. 是否擁有核心能力：資源基礎理論提出競爭優勢最主要的來源是擁有核心能力，唯有獨特稀少、難以模仿、不易移動，並為顧客創造價值的核心能力，才是超額利潤的保證。不然很快的，強大的競爭者就會進入搶奪市場。

2. 沒考慮互補者：市場永遠存在合作的機會，現在的企業，常常面臨到的是生態圈的競爭，例如：iOS與Android。

3. 企業層級的多市場競爭，在某一市場取得勝利之後，卻在另一市場被痛擊，在企業集團間的競爭，常常出現圍魏救趙的策略。

4. 競合策略：變形蟲組織的臺灣企業，有時競爭搶單，有時卻合作接大單。

5. 在同一供應鏈中，供應商或顧客對競爭的回應，往前往後垂直整合下所產生的反彈，高度垂直整合的企業，以供應商或顧客的角度來反擊。

6. 生態系之間的競爭，有時競爭不僅在個別的品牌間，也在不同的平臺、標準間競爭。

　　先占優勢是設法使自己成爲一個新開發市場或新產品類別的先驅者，以獲取回報的一種策略。這也是賴茲與屈特常講的要當第一名能獲得極優厚的利潤，並維持第一名很長的時間。但打造全新產品類別並不是容易的事情，華碩電腦的Eee PC剛上市時似乎開創了一個全新類別，但幾年後，卻發覺仍算是筆電。

　　佛羅里達大學教授李格（Gwendolyn Lee）指出，當大公司錯失了搶先進入一個成長市場的機會時，他們可以改當「快速的老二」（fast-second）。小公司有的是創造能力，大公司有的是把點子化爲商品的能力；小公司搶先推出新產品，大公司則可以善用小公司已經端出來的東西，把還未成熟的小市場，轉變爲大眾市場。不管是第一名或第二名，賴茲跟屈特認爲通常可維持很長一段時間，而人們也會持續記得，兩強各有擁護者可以平分市場，但到了第三名之後就比較危險，因爲消費者開始記不清楚，例如：可樂中的可口與百事、汽水中的雪碧與七喜。

　　創新大師克里斯汀生（Clayton Christensen）把創新分成持續性創新與破壞式創新（不連續創新），新科技常常帶來破壞式創新，一開始新科技不夠成熟，所以最先的使用者必須忍受不完美才能享受新科技的便利性。而大企業的持續性創新爲了擺脫競爭者，就會發展出過多的功能硬塞給顧客，使得顧客必須爲了這些多餘的功能而買單，這時剛好新科技的功能也逐漸成熟，所以一些顧客就轉向新科技的懷抱，這時也是市場後進者打敗先進者的好機會，後進者創造出一個新類別。

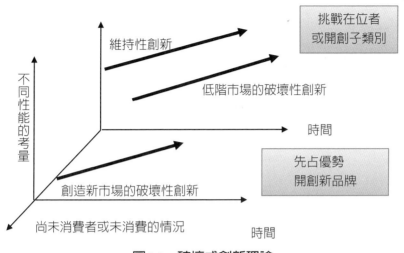

圖5.5 破壞式創新理論

在如何找到創新的機會，克里斯汀生則舉出奶昔的例子作為其提出的「待完成工作理論」（或稱用途理論，Theory of Jobs to Be Done）。麥當勞奶昔顧客中，有一群是開車通勤的人，這些人為了充飢與打發無聊開車過程，會買奶昔在路上食用，所以後來奶昔變得更濃稠，因為可以吸得更久，也比較有飽足感。所以「待完成的工作」的理論是：人因為有待完成的工作，所以會去尋找更快速、更低廉、更省時間的方法來完成工作。待完成的工作用在創新上，的確是一個比較容易的切入點。透過觀察一般人的日常，很容易發現有一些工作似乎是無效率、令人厭煩、充滿挫折的痛點。如果有更好的方式來完成，就是一個很好的創新出發點。

為什麼開創新的產品類別或子類別，會讓品牌成為領導品牌是因為新的產品類別常常會改變消費者的決策模式。康納曼（Daniel Kahneman）提到大腦的運作有「系統1──快思」與「系統2──慢想」，快思讓我們在日常生活中很快就做出決定，但如果遇到從來沒處理過的問題，就會進入系統2──慢想，這時會把可能的選項都想過一遍，理性或有限理性決策都是慢想。

以電視舉例，二十世紀時電腦是使用陰極射線管（CRT）的技術，Sony的特麗霓虹電視幾乎稱霸市場，國際牌、東芝等緊追在後，但隨著液晶技術出來，奇美抓住液晶電視崛起的機會，成功打下臺灣江山。所以在舊的產品類別中，消費者可能因品牌忠誠度或是惰性，直接選擇熟悉的品牌。在液晶電視這個新類別剛出來時打亂了既有決策模式，許多消費者重新理性比較各品牌的優劣，當時還擁有面板廠的奇美取得消費者的信任，成功切入液晶電視的類別。

5.4 產品品牌與行銷

打造產品品牌的工具，主要是行銷，也就是從了解顧客需求，建立顧客關係，區隔市場、鎖定市場、發展定位，透過產品、價格、通路、推廣來傳遞價值。底下將討論產品品牌打造與行銷的一些異同。

【市場區隔與產品類別】

行銷在劃分市場區隔的方式主要是以同質性需求為主，區隔變數可以用使用者、使用情境、收入所得等人口地理變數或是行為變數。但在品牌時主要以產品類別為區隔，原因是一般人在購買決策上，大都是先決定買什麼類別，再決定品牌。例如：洗衣機壞了，想買新的洗衣機，是買傳統的洗衣機還是滾筒式洗衣機？決定之後，再挑選品牌，這時區隔變數就是使用產品類別。但對企業品牌而言，可能底下有橫跨多產品類別的多產品品牌，所以用企業品牌來直接討論市場區隔，並不適當，唯有直接將企業品牌當作產品品牌使用時，這時企業品牌與產品品牌合而為一，才能直接討論。

【行銷定位與產品品牌定位】

當企業品牌涵蓋多個產品類別時，就不容易討論「品牌定位」。但

如果以「產品品牌」來討論定位，是可行的。行銷管理的定位，概念主要是源自於麥可‧波特的差異化策略，廠商可以提供獨特的利益滿足消費者的需求。所以行銷人員會從市場中，找出適合發展的市場區隔，並發展出滿足這個市場區隔的價值主張，而這個價值主張將會影響到4P的決策。所以柯特勒在4P之前，加了STP：市場區隔、鎖定市場、定位等三步驟，並說明定位是針對目標客層所提出的價值主張。

　　賴茲與屈特提出的定位概念是：1.顧客的心中有一個梯子，每一個產品（品牌）會在梯子上占據某個位置。2.大家只記得第一名，有時會記得第二名，但第三名之後通常記不起來，所以要努力當第一名，最好成為代名詞。這個概念正符合現在的觀點。顧客會從腦海裡的產品類別中去挑選記得並有好感的品牌，產品類別是梯子，梯子的位置，就是顧客對品牌的偏好程度。

　　所以當產品類別與市場區隔幾乎是相同的狀況下，例如：洗衣機、滾筒式洗衣機；汽車、電動汽車；再把問題侷限在產品品牌上，產品品牌定位＝行銷定位，基本上是成立的。但是在企業品牌上，恐怕品牌定位就不是這麼單純了。在品牌屋或品牌傘的架構下，企業品牌下會涵蓋多產品類別，如果要在這樣的企業品牌找出定位，就困難多了。因為要面臨多市場競爭的問題，有些產品類別是第一名，有些是第三名……，例如：Samsung的手機、NB、電視、洗衣機……，要給三星（Samsung）什麼樣的品牌定位是一件困難的事情，但如果縮小到三星智慧型手機，就容易定位了。所以回到我們的問題上。

　　以普拿疼為例，普拿疼是止痛藥，常常跟阿司匹靈做比較。而「普拿疼伏冒」就是把止痛藥加上舒緩感冒症狀，通常被消費者認為是「感冒藥」，感冒藥的類別中有極多民眾熟悉的品牌。「普拿疼肌力」是把止痛作用在肌肉痠痛上，又分凝膠與貼布兩種。在貼布類曼秀雷敦也推出鎮痛系列，加上一些中藥貼布。所以「普拿疼伏冒」、「普拿疼肌力」各自在不同的產品類別中有自己的定位，當然這一些定位又延伸「普拿疼」的止痛印象。

【定位延伸與品牌延伸】

在賴茲與屈特的主張中，定位延伸是不智之舉，因為品牌是一個代品詞，一旦延伸之後，代名詞就無法涵蓋新產品，消費者也會隨之而混淆，定位的成功關鍵在於精純。品牌延伸是品牌的重要價值所在，能使品牌永續綿延不絕，所以品牌反而應該積極延伸，延伸之道為運用品牌組合策略，利用既有的品牌名稱加上次品牌或是描述字組合成新產品品牌，就能順利延伸，既保有原主品牌的知名度與信任感，庇蔭新產品品牌茁壯成長，又能以新產品品牌產生新的定位，只是在產生新產品品牌定位的同時，也要回頭檢視主品牌是否需擴大定位。

【行銷傳播與產品品牌傳播】

產品品牌傳播與行銷傳播並無不同，但為什麼要刻意強調產品品牌傳播，其原因在於如果區分企業傳播與行銷傳播，並無法說明「企業品牌」與「產品品牌」的關聯，任何強化企業品牌形象的傳播，也通常會加惠於產品品牌，而任何產品品牌的傳播，也會回饋到企業品牌，當然最大前提在於以品牌組合來設計產品品牌，才能達到如此效果。

【行銷公關與產品品牌公關】

公關通常區分成企業公關與行銷公關，如果以策略管理的層級角度來看，企業公關是屬於事業層級，行銷公關是屬於功能層級，也就是行銷公關是企業公關的一部分。如果把企業公關與行銷公關改稱為「企業品牌公關」與「產品品牌公關」，就更能說明彼此之間的關係，只是產品品牌公關所處理的利害關係人是顧客，而企業品牌公關則處理所有的利害關係人。

但叫做「企業公關」與「行銷公關」常常會忽略了企業品牌與產品品牌之間的互相拉抬作用，「企業品牌公關」與「產品品牌公關」就很容易看出彼此的影響。

以行銷科技加速品牌成長

1. 提高品牌價值就是使品牌收入成長，所以要投資在改變顧客的行為讓顧客購買。

2. 由觸點到顧客旅程再到漏斗模型，由管理觸點到管理漏斗、管理數據，透過優化轉換率來促進品牌成長。

3. 學習科技如何協助品牌成長。

品牌價值是由品牌主張貫注在品牌觸點上，由顧客感受到後，喜愛並想買這個品牌的產品，並會持續購買。所以本章聚焦在要使品牌價值成長，就要管理好「品牌觸點」，把品牌觸點以時間軸展開，就會成為「顧客旅程地圖」，可以從中檢視並改善顧客的痛點與遭遇的障礙。如果追蹤顧客經過顧客旅程地圖，可以發現在每一個階段，都有一些人中止消費而離開，追蹤這些每一層的轉換數字並持續優化，就能讓顧客消費金額持續成長，而蒐集這些數據並衡量就需要科技來輔助。

6.1 投資品牌創造價值

【品牌是投資】

　　正確的打造品牌，是一開始就打算要讓品牌獲利，形成正向投資報酬率。品牌要能獲利，首先要選到一塊可以獲利、競爭者又少的市場，再來是積極爭取市場內顧客的好感，進而購買產品。所以做品牌的任何行動：重新設計品牌識別、根據顧客旅程重新設計服務、針對目標客層行銷……，都是為了讓顧客現在與未來購買。反之，任何無法促進顧客現在與未來的購買的行動，都可能是浪費的投資。所以打造品牌的關鍵重點在顧客，能打動顧客並促使行動，才是打造品牌正確的做法。當顧客願意購買，企業有了盈餘，再把盈餘投入打造品牌，賺更多的錢，所以打造品牌是投資，投資對了就能創造更大的價值。如果打造品牌一直在燒錢，可能要想想是不是投資錯了，甚至可能連投資都不是，只是亂花錢。

　　許多企業認為做品牌有三件事：1.命一個好名字；2.製造出功能最強大的產品；3.再加上精美的設計。大多數的企業都是以為做好上面三件事品牌就會成功，殊不知品牌真正的價值是發生在顧客的心中，只有對你有偏愛進而購買，唯有在顧客心中烙下深刻的愛慕之意，願意建立長久關係，才是成功的品牌。凱勒（Keller）的品牌價值鏈模型：品牌

方案投資→改變態度→改變行為→增加品牌價值。為什麼有些企業主覺得做品牌只是在花錢，關鍵在於這些錢是不是有效花在改變顧客對品牌的態度上？是不是會去改變顧客的購買行為？如果這兩個答案皆是，做品牌就不是在亂花錢，而是走在正確道路上。

對企業而言，真正能創造出價值是顧客的購買，有四種增加收入的顧客行為：1.顧客成長／增加新顧客；2.增加使用量／新用途；3.顧客忠誠／買更久；4.品牌延伸／買同品牌新產品。要做到這四點就要做到品牌知名度、品牌忠誠度、品牌偏好，讓品牌更廣為人知，為人喜愛。當顧客買更多、買更久的品牌產品，品牌就能持續獲利，並將獲利再投入品牌打造的經費中，持續創造出更多的獲利。所以一個成功的品牌打造是應該形成正向的投資報酬率，用報酬再創造出更多的收入。

要有正向的ROI就要能計算品牌傳播ROI，在設計傳播的專案時，要先把顧客的行為分群：忠誠的顧客、短期轉長期顧客、購買競爭品的顧客與從未購買的顧客，讓忠誠顧客可以維持更久的年限並推薦新顧客、讓只買一兩次的顧客可以轉換為長期顧客、從競爭者那邊爭取新顧客的認同、讓完全沒使用過的顧客有試用的機會。

要形成長期的獲利，必須考慮商業模式，透過「商業模式草圖」我們可以全面性檢視品牌的目標客層與價值主張跟關鍵資源、活動與合作夥伴是否能形成獲利的商業模式。許多品牌只重視短期的收入，並忽視自己是否擁有強大的核心能力。許多擅長產品研發的品牌又常常輕忽顧客真正的需求，只想研發出最厲害的商品。「商業模式草圖」能讓做品牌的企業好好地檢視品牌，是否能夠可長可久的獲利。

【品牌觸點管理】

品牌與人就像是人與人一樣，形象與關係都是在觸點上一點一滴建立起來，管理了觸點就是管理了品牌形象與關係，觸點上的印象會構成整體的品牌形象，正面的觸點印象總和愈大，顧客的滿意度就愈高，忠誠度也隨之增加，形成長久穩定的關係，所以品牌管理就是品牌的觸點

管理。在觸點的管理工作上，主要有兩個方向：一是持續強化觸點的正面印象；二是把品牌主張貫注在觸點。

在持續強化觸點的正面印象上，可以依觸點對顧客影響的重要性大小來排列，可以先改善前十至二十個觸點，依80/20法則，將影響的重要性大且有負面印象的觸點進行改善，重要性大且正面印象的觸點好上加好，從滿意到驚嘆！過一段時間再重新檢視，改善其他的觸點。在觸點的管理上，一致性與獨特性也是非常重要。一致性是所有的觸點都要有同樣的呈現，例如：強調家庭娛樂的迪士尼，為了闔家大小都適合，要避免過度血腥、暴力、情色的情節出現，這項要求貫穿所有影片與迪士尼樂園。獨特性是在每一觸點都注入品牌獨一無二的元素，可能是個性。例如：維珍航空有趣、幽默、叛逆是呈現在座艙的設計、空服員的服裝與服務行為上，一致且獨特的觸點，能帶給顧客鮮明深刻的印象，而這樣的印象將使品牌在顧客決策時被記起、被喜好。

在把品牌主張貫注在觸點上，這是一個容易被忽略的工作。品牌主張是由品牌願景、核心價值、個性所組成，如何把品牌主張精心雕琢在每一個觸點上，是品牌管理工作的挑戰，因為觸點可能是服務人員、產品、網站、空間等。觸點就像線索，消費者透過觸點檢視品牌所有的主張與承諾，只要某幾個觸點做不到位，消費者就有可能找出破綻，認為品牌的言行不一致。

所以要贏得顧客的忠誠，品牌需要管理觸點上的每一個點，讓消費者有一個愉悅驚喜的消費之旅，滿意的顧客將會再度回購，也會推薦給親朋好友，當品牌推出新產品，也會願意嘗鮮，企業能創造更多的營收，品牌將有更大的價值。

【顧客旅程地圖】

若把觸點按照顧客消費前、中、後的時間軸排列，就會構成基本的顧客旅程地圖。在顧客旅程中，可以把典型顧客的消費行為如同故事腳本般呈現，這時可以運用同理心地圖，去感受顧客說了什麼、想了什

麼、聽到什麼、做了什麼，顧客在旅程中遇到了哪些痛點，而停止或改變了決策。有時顧客跟品牌的接觸可能只有幾個點，每個點都僅僅是短短的時間，而這些「關鍵時刻」卻構成顧客買或不買、喜歡或不喜歡，隨時都有可能讓顧客有驚喜、快樂、憤怒、哀傷等情緒。如果顧客的體驗是美好的，顧客會再次消費，甚至向別人推薦，分享消費的點點滴滴。

現今的消費者愈來愈多線上消費的經驗，交錯著線上與線下的經驗，品牌要能辨識同一消費者在線上、線下的消費軌跡，以及維持相同的顧客權益，例如：甲是A品牌的線上會員，有9折的優惠，在品牌實體店購物時，也同樣享有9折；或是甲在實體店看某項商品，後來再到電商查看同款商品時可以立即提供促銷價，這種虛實整合的無縫體驗正在挑戰品牌人員，卻是消費者所樂意看到。

在進行顧客旅程地圖前，通常會先建立消費者的人物誌。人物誌提供了另一種時間軸，消費者旅程提供了消費的時間軸，人物誌則建立了日常生活的時間軸。在消費者的日常中，作息之間是如何？通常會看哪些媒體與網站、社群媒體？平常喜歡做什麼休閒活動？透過日常的時間軸，行銷人員能更清楚把品牌訊息、內容放在哪些網站、媒體上，能與消費者互動。

如果說品牌觸點是「點」，那顧客旅程地圖就是「線」，企業要思考每個觸點是否獲得顧客美好的印象，是否傳遞品牌的獨特性，到了顧客旅程地圖，順著時間軸，企業思考顧客的痛點、障礙，是否阻礙了顧客再往前進。接下來的行銷漏斗就是「面」，透過追蹤一群人走過顧客旅程，企業更能發覺顧客卡住的點究竟在哪裡，因為任何的障礙不便都會讓顧客離去。

【AIDA、AISAS、5A模式】

AIDA（注意－興趣－欲望－行動）是在二十世紀行銷最常用來解讀消費者狀態的模型，通常在廣宣的露出後，會被某些消費者注意到，但像電視短秒式的廣告，可能在消費者看過三次後，才會記起來。被注

意到的廣宣，如果消費者恰好有需求，就進入了興趣階段；如果消費者急需這項商品，就進入欲望階段，通常消費者在上門挑選後就會進行購買行動。在二十世紀這樣的模型，解釋了大眾媒體的廣宣能接觸千百萬人，但只有其中的一些人購買。

進入網路世代之後，在網路上有兩種行為：搜尋（search）與分享（share），所以日本電通認為原AIDA應該修改為AISAS。在消費者有興趣後，會上網搜尋相關資訊後才決定購買，購買後會將心得分享給其他人。

在《行銷4.0》中，柯特勒提出5A模式，其中詢問（ask）與倡導／推薦（advocate），有別於AISAS中的search與share。

	A1認知 顧客被動 接受資訊	A2訴求 增加顧客的 品牌印象	A3詢問 適度引發顧客 的好奇	A4行動 讓顧客參與 互動	A5倡導 讓顧客成為 品牌傳教士
顧客行為	顧客從過往的經驗、行銷傳播或其他人的倡導，被動得到很多品牌資訊。	顧客處理接觸到的訊息，創造短期記憶或擴大成長期記憶，只受少數幾個品牌吸引。	由於好奇心驅使，顧客積極從親友、媒體或直接與間接從品牌那裡獲得資訊，進行研究。	在更多資訊的強化下，顧客決定購買某個品牌，或經由消費者、使用產品或服務，和品牌更進一步互動。	隨著時間經過，顧客會發展出對品牌強烈的忠誠度，這反映在顧客保留率、重複購買，以及最後向其他人倡導上。
可能的接觸點	‧從其他人知道品牌 ‧無意中接觸到品牌廣告 ‧回憶過往經驗	‧受到品牌吸引 ‧產生一組品牌購買前考慮集合	‧向朋友尋求建議 ‧上網搜尋產品評價 ‧聯繫客服中心 ‧比價 ‧在店內試用	‧在實體商店或網路商店購買 ‧第一次使用產品 ‧投訴問題 ‧接受服務	‧繼續使用這個品牌 ‧重複購買 ‧向其他人推薦
關鍵顧客印象	我知道	我喜歡	我被說服了	我要買	我推薦

　　當行銷數據可以追蹤之後，AIDA、AISAS、5A模式都可以變成行銷漏斗，企業可以追蹤數據看到導流的成果，也看到顧客的跳離率；改善了跳離率，就等於優化轉換率。顧客為什麼跳離？除了不符合需求之外，有時是在消費過程中，遇到了痛點，改善了這些痛點之後，就有更多的顧客會完成訂單，所以優化顧客體驗，成為當今行銷最重要的工作，透過優化，可以更精準地接觸顧客、更精準地促進交易，創造顧客美好的體驗，使顧客願意再購。

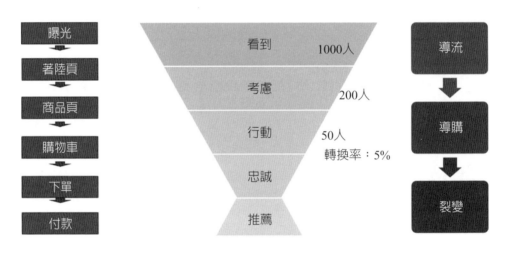

【漏斗模型】

　　隨著新零售的概念興起，現在企業開始整合線上與線下的體驗，打通兩邊的障礙，讓所有會員顧客都享有同樣的服務、優惠。顧客旅程的優化關鍵在於如何讓顧客在整個消費的旅程中不會中途流失改買其他品牌。消費者的購買決策中，除非對某項品牌或產品已經有強烈的偏好或習慣，不然在起心動念想要購買某個商品，例如：洗衣機，就會不斷地蒐集相關資訊或聽取他人的建議，同時改變心中的排序，有時是一項新

穎的功能、有時是當下預算的考量、有時是尊重其他購買決策者、有時是店員強力的推薦、有時是一個打動心靈的廣告。在電商時代，甚至是試用的結果，或是想要購買的型號缺貨，消費者都會改變心中的購買排序。對品牌而言，可能就是流失了這個顧客，所以如何在整個消費旅程中，吸引並保留顧客在旅程上，讓顧客在整個旅程中的體驗是美好的、難忘的、讚歎的，顧客會願意再一次來體驗並進而購買本品牌。

顧客的行為在全零售時代，變得更交錯複雜，購買的當下，線下消費者可能因為查詢網路商城與看到其他的評價及推薦而改變決策，線上消費者可能因為實體店面的體驗不佳而改變決策。消費者受到的干擾變多，改變心意的節點也變多，對品牌而言，半路攔截的機會變多了，這是好事，也是壞事。所以思考顧客行為除了決策的過程，也要把顧客的消費旅程納入，畢竟消費者的決策從來就不是線性的過程。

【成長駭客】

在大眾媒體上不論以廣告或公關的方式進行行銷傳播，所吸引的顧客並無法分辨新舊，企業只能大致知道一檔的宣傳結束所增加的營業額有多少，但舊顧客因為習慣或情感因素比較會持續購買同品牌的產品，投入在直效行銷的企業，開始以直接信函或電話聯絡舊顧客，提供產品型錄與訂購方式，並區分顧客為新、舊顧客，或是再細分為未購買、第一次購買、重複購買、離去等，並計算每一顧客在其一生可能創造的價值，即顧客終身價值，也開啟了對顧客關係管理的重視。

在電商尚未出現之前，購物基本上是以零售店採買為主。對於品牌商而言，顧客是新、是舊並不容易取得資訊，即使有需要售後服務的3C家電，所留下的顧客資料與通路上的顧客資料是沒辦法互通的，除非是透過直效行銷方式，否則難以直接管理顧客。

在舒茲（Don Schultz）早期整合行銷傳播研究中，舒茲認為既然態度資料不易取得，就直接以行為資料來做區分，如從未購買者、有購

買競爭對手產品者、已購買者、休眠者。在網路普及之後，意圖資料提供了消費者更多的狀態，所以可以從激發消費者的注意、產生興趣、購買欲望、第一次購買、重複購買、休眠等不同狀態著手，這些狀態就像金字塔一樣，一層一層地向上轉換，想要總體轉換率，就要優化每一層的轉換率。對行銷人員的好消息是，所花費的每一筆預算都能清楚了解達成的效果，但對行銷人員的挑戰是要熟悉軟體工具、要看懂數據代表的意義，以及懂得如何優化轉換率。

20%的顧客創造80%的利潤，由於顧客對企業的貢獻不一樣，所以企業應該針對不同顧客給予不同的待遇，透過顧客分群，企業可以給予貢獻大的顧客更好的服務。忠誠的顧客能為企業創造更大的利潤，所以企業實施忠誠度方案，希望有更多顧客可以從金字塔的底端爬到頂端。為了要知道顧客對企業的貢獻，所以要計算顧客的終身價值。隨著貢獻的大小，可以像信用卡把顧客分成無限卡、鈦金卡、白金卡、金卡、普卡等，或者根據顧客的狀態，把顧客區分成新進顧客、既存顧客與沉睡顧客。

在以往的顧客關係管理中，顧客推薦顧客是重要的，也是忠誠度的指標之一。現在的社群媒體中，分享、推薦、對品牌發表正面意見給許多人，也成為重要步驟，所以構成了成長駭客的AARRR模型：acquisition（獲得）、activation（活躍）、retention（留存）、referral（推薦）、revenue（收益）。成長駭客模型想要突顯的是，行銷最重要的五大衡量指標，花了大筆行銷預算就是要增加顧客、延長顧客關係時間、請顧客推薦顧客，最終是創造收入。一個好的成長駭客必須找到一個適合的行銷方程式，讓顧客快速成長。於是許多大企業開始增設「成長長」（chief growth officer）一職。成長駭客進化版——RARRA模型，則是強調流量紅利消失之後，除了要「獲客」之外，「養客（或圈粉）」變重要了。

漏斗模型的重點在消費行為的過程不斷地優化，而成長駭客著重在顧客的關係並不斷地優化，呼應先前所提到，品牌價值不斷地成長有兩

個條件，即「需求產生」與「需求持續」。

【養客模式：帳戶行銷（ABM）】

　　許多企業成立大客戶（key account）部門來特別服務這些客戶，開發出一個大客戶並不容易，但開發成功後，對企業的營收助益極大。所以企業願意投資在獲取大客戶時所需要開發時間與成本，但如果更精準、更有效率的方法，不僅是單純參展做廣告與登門拜訪，而是逐漸形成帳戶行銷（account-based marketing，簡稱ABM）的方法論。

　　ABM模型與傳統的漏斗模型最大的不同，在於漏斗模型在開口很大，就像一張大網一樣，盡可能把潛在客戶撈進網中，然後轉換成顧客；ABM模型則相反，需要一開始就精準瞄準顧客，接觸後再逐漸培養成客戶，有時會先從客戶的某一部門開始，然後再擴散到其他部門、其他國家。所以精準定義客戶、接觸客戶、培養客戶是ABM模型的精髓。在數位的環境，客戶可能會用搜尋、或尋找相關的介紹資料，找到企業官網。企業為了清楚知道客戶的需求，提供更多的內容，以及回應行動（call to action, CTA），讓客戶主動留下資料，有行銷科技的輔助，可以讓ABM模型更精準、更有效率地接觸客戶。

6.3 行銷數位轉型

　　在數位的時代中，不管是線上或線下，以往無法廣泛蒐集的消費者需求、動機、態度與行為，現在消費者與品牌的任何接觸，都能被記錄下來，企業能拿到第一手的真實資料，而不是透過有限樣本推論的統計資料，但這些資料量太大，需要有大數據的分析工具才能進行分析，對於忙碌的行銷人員更需要有科技來協助蒐集、分析、警示與自動化行銷流程。投放數位廣告、e-mail行銷，內容的產製上架、社群的聆聽與回應，科技可以協助這些工作，讓行銷人員可以盡量減少單調反覆的例行

工作，而把時間與精力放在優化轉換率與優化顧客旅程的體驗。

　　在企業而言，可以根據即時的數據分析結果做出決策，加碼廣告、撤換效果不好的廣告、改變促銷方案、改變目標對象等。這些即時的決策已經不適合再透過第三方的公司來協助處理，企業必須自己投資科技，僱用人才來處理。行銷科技對企業的影響是，一方面企業對於行銷科技的投資，已經是刻不容緩的事項，另一方面是行銷人員、特別是資深的行銷人員，必須接受導入行銷科技後的組織架構、工作職能，以及工作方式的不同。

　　在組織架構部分，數據分析、網站開發、內容產製等都會變成行銷部門必要的編制。在部門文化，強調理性分析中和了感性創意，在管理上，快速反應的敏捷式管理被奉為圭臬。

　　許多人會疑惑數位行銷與行銷科技的不同，數位行銷的重點在於在數位環境下做行銷，但行銷科技的重點在行銷部門導入的科技與組織變革。也可以說因為有數位行銷的需求，企業更需要導入行銷科技來做好行銷的工作。

　　其實數位行銷本身就是一個有趣的名詞，何謂數位行銷？任何一個新的名詞的產生，大多是為了區別現有的名詞，數位行銷最主要覺得網路行銷一詞不足以涵蓋所有數位環境所做的行銷，所以將網路行銷進化成數位行銷。在網路行銷之前，是大眾傳播媒體所帶動的大眾行銷。但為何是「數位」？這是源自於電子學的名詞：類比電路與數位電路。二十世紀大部分的時候，我們看的電視與錄影帶、聽的廣播與錄音帶……，幾乎是以類比電路為主。類比一直有失真的問題，傳輸會失真，儲存久了會失真，過度放大也會失真。而失真就是資料流失，一旦流失也難以修復。電腦科學就是以數位電路發展出來，單純的以0與1演變成現在我們所看到與使用的數位裝置。現在裝置是數位，儲存是數位，傳送是數位，所以我們看到數位電視，看到隨選視訊，但更重要的是，我們在數位裝置上看的、搜尋的、瀏覽的都能被記錄下來，變成數位足跡，再加上很多環境資訊如天氣、交通……，形成了大數據——非

常巨量的資料，大到要靠人工智慧的機器學習功能來協助我們分析並萃取出所要的資訊。

另外隨著網際網路結合手持式數位裝置，原本實體空間才能形成的社群，距離被打破了，網路社群的產生，進一步演化成社群網路、社群媒體，數位改變了我們的生活，也改變了行銷方式，所以一方面網路行銷進化爲數位行銷，另一方面行銷也被數位化了。以往我們得請市調公司花上幾星期的時間，得到一些行銷資訊，現在這些資訊可以即時取得，廣告是不是能導流到電商？到了電商，看了是不是有消費？到底有沒有購買意願？都可以隨時取得資訊並做決策，甚至人工智慧也能協助決策。

接下來，要解釋行銷科技，行銷科技＝行銷＋科技，兩個名詞組合，前一個當形容詞用，就是指應用在行銷的科技，所以重點是在科技，行銷科技著重在科技如何協助企業做行銷。以往在行銷資訊化、自動化的過程中，CRM由於管理的是結構化資料，所以是最先普遍商業化，但行銷最重要爲市場資訊的取得，以進行決策，而市場資訊是非結構化的且巨量的，以當時的資訊技術並不容易克服，但近年來，雲端計算結合了大數據與人工智慧，把非結構化資料全輸入電腦後，再靠著機器快速學習，企業行銷人員可以藉此即時做出決策。行銷科技的關鍵是企業，企業引入行銷科技，並應用行銷科技來做行銷。

相對來說，提到數位行銷，有時行銷人員會覺得該找數位行銷代理商，就跟找廣告代理商、公關公司一樣，企業視數位行銷爲行銷傳播工具的一種。而行銷科技的目標是企業導入行銷科技，並用敏捷行銷改變現行的行銷做法。

在很久以前，寫程式前要作結構化系統分析與設計，這是一種瀑布型的程式開發流程。在coding之前，要先做系統分析與系統設計，近年來敏捷式（Agile）開發興起，逐漸取代舊的方式。

傳統行銷通常在年底或年初先做一份年度行銷計畫，編好預算。或是新產品上市前寫一份整合行銷傳播計畫，接下來，按表操課。這個模

式就是所謂的瀑布式流程，就跟結構化系統分析與設計是一樣的，強調嚴謹的思考、布局後，再行動。在整個IMC campaign（整合行銷傳播戰役）的執行前、中、後，行銷人員通常只是知道新聞發布了幾篇？廣告上檔了嗎？能否引發話題？似乎有人討論了嗎？產品的銷售量是否提升？有時得再多幾個月的觀察。如果想要更快知道戰役的成效，就要用市調測量比較戰役前後的態度改變狀況。

當免費的谷歌GA分析（Google Analytics）可以分析網站流量後，一切都變得不一樣。行銷人員可以隨時隨地查詢著陸頁（landing page）的流量，再加上其他的分析資料的工具，可以查看消費者瀏覽了什麼網頁，有沒有把商品放入購物車，是否結帳前取消。行銷的成效如果好，可以即時加碼廣告；成效如果不好，立即抽換廣告。所以為了即時掌握行銷資訊，資訊人員必須加入到行銷團隊中，為了即時回應改變，要從傳統行銷改變成敏捷行銷。

由於行銷團隊的人員組成與行銷戰役執行方式的改變，所以當企業引入行銷科技之後，除了科技帶來的改變之外，最重要的是行銷部門的組織變革。借用軟體開發的經驗，敏捷行銷成為行銷組織的日常，小目標、短時間的反覆衝刺的行銷手法，將會取代原本先計畫、再執行的舊手法。對企業而言，要能成功地導入行銷科技，不僅只是學習一些新的數位行銷手法，更重要的是，能不能組成一個由行銷科技長帶領的全新行銷科技部門。

【行銷科技】

在約二十年前，企業想要廣泛地接觸到遍布在各地的消費者，最有效的方式就是透過大眾傳媒來傳播，電視、廣播、報紙、雜誌是最常用的方式。大眾傳播的特性是單向傳播而無法對話，所以如果想要得知受眾對廣告、公關的看法，通常得利用市場調查方式來得知是否改變態度或是行為。當時，消費者想要購買商品，仍是必須到實體通路購買，例

如：百貨公司、量販店、超市、超商等。隨著網際網路與行動裝置的普及，電子商務已成為消費者購買商品的選項之一，企業的促銷訊息，消費者可以在網路看到，立即連結到電子商務網站進行消費，而且是隨時（24小時）隨地都可以購買。

在網際網路上，出現了SEO、關鍵字廣告、Banner廣告、e-mail行銷、簡訊行銷、部落格、討論版、社群網站，以及各式各樣輔助、統計是否有接觸到目標客層的軟體與APP，這些被廣泛稱為廣告科技（AdTech）。同時間在企業的內部，從CRM開始，因應網際網路與行動裝置的普及，開始需要偵測與回應網路上消費者的問題、抱怨，或是主動經營粉絲團，同時許多的危機也因為網路快速擴散，而變得比以往更不容易處理。所以企業需要有更強而有力的軟體在浩瀚的網海中，去找出可能釀成危機的事件，並提早採取對應措施。

行銷科技（marketing technology，簡稱MarTech）將上述外部與企業內部軟體平臺兩者合而為一，泛指所有可以應用在行銷的科技。許多軟體大廠也看到了這項趨勢並積極布局，所以在短短的五年有了爆發性的成長。其中有奧多比（Adobe）、Salesforce、甲骨文（Oracle）等軟體大廠商，使用SaaS（Software as a Service）改變了軟體的計費與軟體升級的方式，比起以往系統導入的冗長與調整，雲端軟體就如同水龍頭一樣，扭開就可以使用，讓企業更容易導入。

行銷科技的興起與網際網路、社群媒體、行動裝置的普及息息相關，在多年前，大眾傳媒的資訊蒐集，仍是倚賴人工剪報與新聞側錄，隨著這些大眾傳媒也數位化之後，許多資訊都可以從網際網路被搜尋與閱讀，所以也有一些輿論蒐集公司是與大眾傳媒談好資訊提供後，直接彙整於網路的資料庫中。部落格、討論區、社群媒體的興起後，資訊蒐集來源擴及到這些媒介，而且這些媒介也具備了雙向對話與輕易轉貼擴散功能，許多訊息就在多人討論與轉貼中，快速被閱讀，有時甚至比大眾傳媒更快。同時負面訊息若未來在第一時間未被偵測與處理，可能在幾小時後就釀成巨大危機，隨著消費者花在網路的時間已超過大眾傳

媒，在網路上做行銷已變成行銷人員基本工作。網路上的搜尋、社群、媒體無一不受演算法的影響，谷歌與臉書的竄起也吸引傳統軟體大廠積極布局，如甲骨文（Oracle）、奧多比（Adobe）等公司。在行銷科技論壇中，將目前行銷科技分成六大領域，分別是廣告與推廣、內容與體驗、社群與關係、商務與銷售、資料、管理。

行銷科技如果以職能來區分，共可分成八大領域，分別是資料與分析、行銷應用程式、廣告網絡、社交與行動平臺、內容行銷、網站機制、軟體程式、資訊科技。

除了應用科技來執行更有效的行銷戰役外，行銷科技的倡導者史考特（Scott Brinker）更是認為行銷即是軟體，行銷者也是軟體開發者，所以行銷工作者也要熟悉軟體開發，史考特建議以敏捷式（Agile）軟體開發來建構新的行銷管理方式。

行銷的軟體化，就跟圖靈建構圖靈機來破解德軍密碼一樣，電腦的運算是為了取得致勝的資訊，企業內的資訊被編碼、解碼、整理、解讀，都是為了做出決策以贏取顧客並建立長久穩固親和的關係，隨著人工智慧、智慧代理人與演算法大幅進步，行銷與軟體功能逐漸重疊。

但也跟電腦圖靈機一樣，要正確解讀與做出決策仍是需要人，創造電腦圖靈機也是人，所以行銷科技要如何採購與正確使用也是需要透過行銷者。但即使是有行銷科技，企業與所有的利害關係人的訊號傳遞與解讀，對市場與競爭者訊息的判讀與對策，仍是需要人的介入才能完成。

【行銷科技堆疊（MarTech Stack）】

MarTech Stack、Marketing Stack、Marketing Technology Stack都是指當企業導入行銷科技後，將使用的各種軟體堆疊成企業自己專屬的軟體平臺。迥異於上個世紀末的ERP狂潮，由於會計總帳與進銷存、應收付帳、內控九大循環，環環相扣，以「結構化資料」互相串聯，造

就涵蓋全部功能的大型ERP系統。所以企業對ERP系統的採購決策，大概都是以企業規模、預算作爲最主要的考量，採取一站購足式，盡可能向單一廠商採購全部系統，冀望因此發揮極大化功能。主從式（Client-server）架構也讓企業導入ERP是一個龐大工程，漢默（Hammer）甚至建議企業最好重新設計流程，進行企業再造。

　　行銷是企業資訊化最困難的一個環節，在大型金控、電信業、零售業者導入CRM後，就戛然而止了。Salesforce.com另起爐灶，採取雲端運算方式，吸引企業進行業務部門資訊化，雲端運算的Salesforce不用長時間的導入，只要開通帳號，立即可用，以使用量付費，彈性擴充，加上網際網路的頻寬、資料儲存的容量，資料安全的保護日趨成熟，雲端運算的軟體SaaS逐漸被企業接受。

　　而數位行銷的蓬勃發展也吸引許多軟體商開發出許多雲端行銷工具，在企業與消費者之間，像谷歌可以消費者搜尋、雲端硬碟儲存、日曆記事，企業可以使用谷歌分析（Google Analytics）分析網站，可投放關鍵字廣告讓消費者看到等。所以雖然奧多比（Adobe）、甲骨文（Oracle）、Salesforce這幾年透過購併、合作、自行開發等方式自行整合成自己的行銷雲（marketing cloud），但企業仍是很容易發現有更好用、更便宜的雲端軟體。MarTech Stack這一詞就是企業將適合行銷使用的所有軟體堆放在一起，變成自家的行銷科技堆疊。

【行銷數位轉型】

　　數位轉型是現今企業的重要課題，對於數位轉型的目的、方法、步驟在網路上可以找得到各式各樣的解答，令人無所適從。如果要用最簡單的方式來說明企業爲什麼該做數位轉型？最好的答案應該是：當愈來愈多的客戶都是從數位來跟你做生意時，而你卻尚未準備好，就是你自己把商機拱手讓人，所以數位轉型最重要的是你已經準備好在數位世界做生意，讓全世界都能輕易地透過網路找上你，並想要跟你做生意，

也能輕易地做成生意，包括付款、交貨等所有事情的進度都能從網路獲得。為了讓顧客可以獲得這樣的資訊，所有生產後勤系統也都要數位化。所以數位轉型並不是一時的流行，而是攸關企業的未來。因此絕對不是為了變而變，而是企業做生意的方式，已經在改變，而這一次的衝擊來源就是數位，所以企業要做數位轉型。

平臺是數位轉型的一種形式與結果，有一些傳統企業，在建立平臺後，發覺平臺不只是企業可以自己用，也可以提供給別人用。當愈多的買賣家都在平臺上交易，平臺就可以蒐集數據，形成自家的大數據。這些數據可以賣廣告、優化體驗、買賣雙方的信用評等，累積多了也能產生產業洞察報告跟新產品的創意來源。

在《精實創業》的書中提倡最小可行性產品（minimum viable product，簡稱MVP），把一個消費者能接受的商品放到市場測試，並蒐集回饋快速迭代。企業在推動數位轉型時，建議以MVP的概念來推動，因為數位轉型最核心的問題是顧客從數位而來，所以企業當務之急就是在數位平臺接這個生意，一旦顧客願意在數位平臺跟企業做生意，接下來的數位轉型工作就能順利展開，快速迭代。

傳統的商業模式，企業可以決定廣告在哪邊露出，商品在哪邊展售，消費者在有限的媒體、能購買的賣場中，進行消費決策。上了網路，到了數位時代，一切都變了，消費者在網路上可以找到同樣商品更低價格或是其他類似的商品，甚至可以跨國訂購。消費的主權正在轉移到顧客的身上。

所以傳統的供應鏈，商品從產業上游的原物料、推到中游的零組件，再推到下游的製成品與品牌，再推往通路，讓消費者購買。企業假設自己了解消費者的需求，推出消費者想要的商品，不幸地，這常常失靈，在快時尚的紡織服裝業中，業者飽受過期庫存的風險。如果能很明確知道消費者真正想要的商品，再以極快的速度生產出來，業者將不再會有庫存的問題。所以供應鏈開始逆轉，上游看下游的訂單需求而決定如何生產，形成C2B（consumer to business）逆商業模式。

在供不應求的年代，工廠只要製造出商品就會有人購買，但在供過於求的年代，商品必須符合顧客的需求，才會被購買，否則就會成為庫存或是過期品，為了避免生產太多消費者不需要的商品，現在的企業會根據顧客的需求來客製化商品，工廠生產顧客想買的商品，最大挑戰來自整個供應鏈的庫存幾乎降為零，而顧客卻能在最短的時間來取得商品。

對行銷部門而言，行銷科技除了帶來科技的衝擊之外，還有兩大挑戰：行銷部門需要數據分析與操作軟體工具的人，行銷的工作方式與工作流程需要調整。而這兩項挑戰帶來的是行銷部分必須進行組織變革。

新行銷模式與現有行銷模式最大的不同是由數據所驅動的行銷。以前的行銷強調創意，即使有數據也是透過市調方式所取得抽樣數據與CRM系統中的顧客資訊。但意圖資料、社群網站中的生活型態資料與電商中的會員消費資料，能讓行銷人員幾乎可以精準追蹤消費者在數位環境中所有消費的一舉一動。能分析與追蹤消費者就能不斷地優化所有行銷活動，提高行銷成效，行銷的對象可以人為單位而不是群或做區隔，一對一個人化行銷再也不是難事，加上人工智慧的協助，針對個人提供不同的促銷方案，用不同的訊息內容溝通對話。

想要完成上述的工作，行銷部門中必須增加許多不同於以往的人才或能力，最缺乏的兩類人才，分別是數據分析與操作軟體的人。而這兩類人也為行銷部門帶來文化的衝擊。在講求創意的年代，行銷人員普遍以感性為主，數據分析人員看數字說話，以往的行銷人員重視美學設計與精鍊文字，不擅長透過電腦來解決行銷問題。根據數字、快速反應，不斷測試與修正成為行銷新的作業模式。

行銷科技長（chief marketing technologist）被認為是新型態行銷在企業內最適合的領航者，兼具行銷與科技兩種能力，可以帶領一個整合傳統行銷人才與數位行銷、網站開發、數據分析等不同人才的部門。

敏捷管理是相對應瀑布式管理，以前認為軟體系統的開發要從使用者需求訪談、系統分析與設計、程式撰寫、除錯、安裝上線、教育訓

練，冗長的過程，卻常常到最後，使用者仍是抱怨不符合需求。而傳統的行銷從年度的行銷計畫開始，規劃新產品上市與其他行銷活動，安排廣告片的拍攝、檔期，只能等零售商的銷售數字，才能知道這些行銷活動是否成功。

源自程式開發專案管理方式之一的敏捷管理，被認爲可以運用在新型態的行銷上，稱爲「敏捷行銷」。爲什麼需要敏捷行銷，是因爲傳統瀑布式行銷規劃方式已經愈來愈不適用於現在行銷的日常。由於行銷的績效可以即時追蹤，所以對於行銷的素材如廣告影片、橫幅廣告都可以在很短的時間知道成效，進而決定是否加碼廣告或是更換素材或其他行銷方式。所以敏捷管理以週爲衝刺目標，不祈求大爆炸式的行銷效果，更重視不斷優化各個行銷方案，快速解決所遭遇的問題。

使用敏捷行銷的另一種理由是因爲行銷科技所帶來的龐大商機，許多軟體廠商開發出更多更方便的使用工具，持續嘗試使用新軟體工具來獲取更佳行銷成效或是簡化行銷作業。敏捷行銷管理方式，可以更快速因應新型態的行銷作業方式，看板行銷、精實行銷這些借鏡於豐田式管理的方式也被應用在行銷上，目的都是爲了能更快速回應在市場的競爭狀況與顧客快速改變的需求。

行銷部門的組織結構因爲行銷科技而需要改變，以往廣告、公關、品牌、產品開發分成不同功能，後來網路行銷、數位行銷的加入，似乎只是新增不同的功能部門，其實不然，因爲數據貫穿了行銷所有的環節，改變了行銷的面貌，內容行銷、集客式行銷、影響者行銷與社群聆聽、聲譽管理，新的行銷概念、方式一直被提出，已經無法用傳統的行銷做法，所以許多大企業開始提出自己的行銷部門的組織堆疊，來說明因爲新型態行銷所做出的改變。

Chapter 7
品牌傳播與受眾管理

學習目標

1. 了解如何定義、尋找受眾的方法。

2. 了解如何對應受眾，以達到品牌傳播的目的。

3. 了解數位科技的發展，為受眾管理注入更多可能性。

在前面的章節提到品牌價值、品牌資產，也提供了各樣參考的指標。

例如：內部指標有品質控管、市場反應，或是外部指標有消費者感知，或是與競爭對手之間的市場區隔。**其中有一個不可或缺的環節，直接對應到品牌價值本身，那就是品牌與受眾之間的關係。**美國行銷協會的定義：「行銷是一種組織功能，是創造、**溝通**和提供價值給**顧客**，並管理顧客關係的一套過程，使組織和其利害關係人都能獲利。」從這段明確的行銷定義中，也不難了解，傳播受眾相對於顧客溝通的必要性。

【品牌行銷傳播必然影響消費者狀態】

市場消費者與品牌的關係，從行銷歷程的觀點而言，可以理解，隨著消費者對於品牌有更多的認識，開始進行產品使用體驗，再進入到持續使用，培養高度的認可，具有忠誠度。

品牌行銷傳播講的就是，品牌訊息透過媒介、接觸點、平臺等途徑，進行對受眾傳播、交流、互動的溝通形式，以促進消費者對品牌產生理解、認同與喜好，才能進而累積品牌價值。即使從二十世紀到今天，隨著科技快速發展而帶來的品牌傳播的典範轉移是事實，但是質變的行銷傳播科技，並不會更改消費者對品牌認同的必要性。

【從數據觀察消費者狀態】

隨著數位科技風起雲湧，對消費者的理解也更多元而豐富。如果我們透過前面的章節，理解了資料與數據在意義上的相通性，就不難想像品牌行銷範疇所討論的「消費者資料，或是品牌傳播的受眾資料」，相對於現今數位場域所探討的「消費者數據、受眾數據」精神如出一轍，都是必要參考依據，但是數位科技帶來大量的數據資料與運用，所能提高的傳播效能卻無可受限。

品牌傳播是品牌與消費者之間，關係建立的開始，也是品牌在市場以什麼樣貌被消費者理解的重要環節。本章節，即是提供用書人，從理解傳播造成品牌與受眾關係的演進與脈絡迄今，數位科技時代，數據提供強而有力的受眾觀察依據。無論是劃時代的行銷4.0或是正在成形的5.0，「數據」讓傳播受眾的理解變得更具意義。

7.2 傳播與受眾應用的沿革

　　行銷的演進，從產品導向到顧客導向，一路的變革，已有諸多著墨。從社會型態的演變，看行銷傳播對受眾的影響，也可一窺傳播在每個時代的必要角色與效能。

【行銷傳播的蛻變】

　　工業革命的歷史推演至今有幾個節點，可以對應傳播演進。

1. 產品導向／訊息告知

　　第一次工業革命（1750-1850）機械化：蒸汽動力帶動機械化生產。產業經濟創新包括工廠製造代替了手工廠。逐漸進入量產時代，市場開始進入產品推廣的必要，量化產品與服務功能需要被清楚告知。行銷傳播需求產生。

2. 品牌導向／規模性訊息告知

　　第二次工業革命（1870-1914）電氣化：電器動力帶動自動化生產，包括電力工廠、電器製造、鑄鐵、鐵路和化學品等重工業興起。量產加上鐵路交通，表示產品與服務的推廣幅員可以更快、更廣。除了告知產品與服務功能之外，品牌行銷存在的必要性，在於促進廣大市場的消費者都能偏好、選擇某企業提供的產品與服務。橫跨幅員、增加速度

的市場擴張，行銷傳播需求更甚。

3. 消費者導向／從4P朝向4C／快速訊息流通

第三次工業革命（1970-2010）資訊化：電子裝置及資訊技術（IT）帶動數位化生產。產業經濟創新包括原子能技術、電子、電腦技術、生物工程技術的發明與應用等。

電子網路提供便捷的資訊流通，比起運輸交通的貨物流通，資訊的快速流通更突顯品牌訊息傳播的重要性，以及消費者自主性的提高。行銷傳播需求不僅重要性提高，也更趨向消費者導向。

4. 個人化服務／快速流通、巨量資訊

第四次工業革命（2011-）物聯網：產業進入智慧型意識發展，像是人機協同工程的智慧型工廠，大量數據存取與快速演算，讓人工智慧應用得以實踐。供應鏈夥伴流程及企業運作流程銜接整合方便迅速；數據預測與個人化資料產出的客製化能力。供需雙方資料大量且迅速流動，也造就個人化需求得以被快速滿足。行銷傳播需求不僅朝消費者導向發展，也隨著大數據的發展，更朝向個人化服務與溝通。

參考資料：工業革命年表（維基百科）

【傳播型態的演化】

生產的動能、傳輸的動能（包含地理性的交通運輸與訊息網絡的流通），牽動品牌與消費者的關係不斷演進。傳播型態的演化，有脈絡可循：

1. 傳播1.0產品告知

服務始於需求：傳播的目的在於告知服務。可以告知的範圍並不大，一般來說，還是有較大的地理限制，除非靠著交通將訊息帶到較大

的地理範圍。一般而言，訊息是單向流動，單純是目的性告知，再者是透過使用者體驗的二次傳播。

2. 傳播2.0產品推廣

市場幅員擴大，開始有了品牌概念，理解「品牌特色」易引發關注，造成需求增加。

市場關注者眾多，相對也開啟了企業思考品牌行銷的價值與必要性。在品牌傳播上會有意識的發展傳播途徑與方法，於是傳播管道／媒介與傳播規劃開始發芽。

在美國的第一個廣告代理商則是由Volney B. Palmer於1841年在費城開辦廣告公司，為各家報紙招攬廣告，其不僅仲介廣告業務，而且常為客戶撰寫文案，並向報紙收取25%的佣金。George P. Rowell則是向報紙或雜誌社大量購買版位，再提高售價轉賣給客戶。（廣告代理商－維基百科）傳播專業若從這段歷史回溯，至今也不過180年。

3. 傳播3.0訊息網絡的流通

消費者在資訊取得與消費選擇上更具主導權，消費者導向的必然性油然而生。

對於用戶的關心可以做得更好，因為開始得到更多用戶體驗的訊息，而開啟消費者導向／雙向溝通的思維（包括利害關係人），服務單元的發展與用戶的需求／關注的議題，不斷產生交集的雙向溝通。

1994年，當*Wired*雜誌和時代華納的Pathfinder（網站）將橫幅廣告出售給AT&T和其他公司時，網絡橫幅廣告成為主流。Hotwired上的第一個AT&T廣告的點擊率為44%，該廣告沒有將點擊者導引到AT&T的網站，而是放了世界上七座最受好評的藝術博物館橫幅廣告。

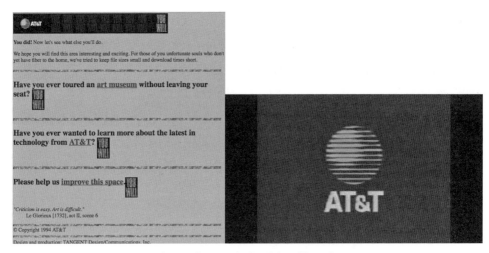

https://youtu.be/TZb0avfQme8

(The First-Ever Banner Ad on the web-The Atlantic)

4. 傳播4.0巨量數據、飛快傳輸

數位傳播與傳統傳播最大分水嶺是,點對點與點對多。

運用法則最大的分水嶺則在於,傳統傳播找到媒介才能找到人,數位傳播則是透過線上軌跡找到人。這個分水嶺源自科技的發展。

90年代:科技開始造成衝擊。

- 社群平臺談的早已超越廣告、品牌行銷。
- 平臺更多是探討消費者溝通、消費者體驗。
- 流量、自媒體、內容生成、革命性的影響源自「生態圈」。
- 數據標籤科技系統在生態圈的環境下,顯得更有價值。
- 一切終究回歸「人」為核心。

理解了數位傳播跟非數位傳播法則最大分水嶺在於,找媒介還是找人?我們就更能掌握找對人、用對媒介,最終都是對受眾的掌握,也是

行銷傳播的關鍵基礎。

以行銷出發的角度，應該從產品轉向消費者。早在1990年，談整合行銷傳播，西北大學舒茲教授等人就已經提出，隨著電腦大量處理資料與網際網路傳輸的便利，牽動行銷出發的角度應該從產品轉向消費者，意指理解消費者的決策過程更是關鍵所在。如今，科技與大數據直接提供了透明、便利而快速的資訊，讓我們在行銷的歷程中更能有效一窺消費者動態，甚至具更敏捷反應的機會，**也讓行銷傳播的「受眾」研究更加有意義**。

【接收並理解的品牌訊息、使用經驗】

在前面的章節提到品牌價值、品牌資產，也提供了各樣參考的指標。其中，有提到成功的品牌不一定是在企業端做了什麼，而是在顧客端認同了什麼？這才能真正反應品牌的價值。

這一個不可或缺的環節，直接反應到品牌價值認同，指的就是品牌與顧客之間的關係。

從行銷漏斗模型，可以點出顧客對品牌的理解與認同來自兩個主要面向，**接收並理解的品牌訊息、使用經驗**。

品牌傳播：講的是，受眾接收並理解的品牌訊息。

品牌透過媒介、接觸點、平臺等，進行對受眾的傳播、與之交流的方式，促進市場受眾（傳播所對應的對象就是訊息接收者）對品牌產生理解、認同，進而達到品牌行銷的目的，或是產品行銷的目的。

產品體驗分享：當品牌傳播受眾進入到消費者階段，則進行產品購買、產品體驗的階段。使用經驗也在協助消費者更確實理解品牌價值與產品本身。

社群平臺傳播：這個訊息流通狀態，主要是自媒體在平臺環境自主性發布或是交流產品體驗，所形成不容忽視的傳播動能。隨著平臺、社群、自媒體的動能，行銷漏斗模型不必然是品牌主所能完全掌握，更重

要的是，隨著消費者與品牌的不同階段，都能給予適當回應，這也是行銷科技無可限量與迷人之處，也在此開啟了數據與個人化應用的里程碑。

7.3 傳播受眾研究

比起品牌公關、企業公關對應的利害關係人，「傳播受眾」比較著重在品牌對應的一般市場消費對象，或是產品使用者。

【受眾定義】

是指接受廣告的公眾，也就是廣告的對象。通過任何廣告媒介接觸的觀眾或聽眾，都有數量、特徵方面的不同需要考慮。在傳播學概念中，受眾是指一切大眾傳媒的接受對象，例如：電視的觀眾、廣播的聽眾、報紙的讀者，是訊息傳播的終端或次終端。（MBA智庫百科）

無論是傳統媒體或是相對於傳統媒體的新媒體、數位媒體，在品牌傳播的操作範疇，傳播對象的研究與理解攸關成敗。產品給錯人，訊息傳遞不正確，都無法將產品供給方與需求方做最好的媒合，受眾的範圍、消費者的輪廓、受眾如何接觸媒體，都需要透過縝密的方法預先規劃、設定、理解。

【受眾輪廓與分析】

受眾輪廓界定，是為了讓廣告媒體做到有的放矢，所以受眾輪廓界定也會更聚焦在媒體接觸的樣貌。受眾分析，主要是用來對應其媒體接觸狀態，以期有效達到傳播效益。以下有幾個較為常用的受眾輪廓界定與分析法：媒體日誌（media day）、媒體使用分析（media consumption）、人物誌（persona）、目標市場區隔定位（segmentation target position, S.T.P.）。接下來將一一介紹這幾個運用在行銷傳播上常用的

受眾輪廓分析方法。

1. 方法1，基礎方法

　　古典行銷傳播經驗上，已經被廣泛運用的傳統目標群描繪方式，基本包含兩個面向，即人口（demographic）變項定義、心理（psychographic）變項定義。

　　人口變項定義，一般針對性別、年齡、社會地位、家庭結構等人口變項做基本描述，直接對應大眾媒體組合應用，以方便量化傳播效果，例如：觸達率（reach）（20-39歲女性有80%可以接觸到廣告訊息）、接觸頻次（frequency）（平均每人可以接觸三次以上的訊息）。

　　心理變項的描繪最重要的基底是豐富的調查資料，例如：問卷形式（目前最普遍利用Google表單進行網路問卷）、或是焦點團體訪談（focus group interview），其過程較為嚴謹。主要是為了探討消費者心理層面與產品需求、品牌價值產生的關聯性。以上方法在媒體傳播的應用也很廣，可以延伸安排相對應的媒體環境，以強化傳播效果。在大眾傳播的應用上，算是經典代表。除此之外，日記法、觀察法找出心理變項，也是選項。

2. 方法2，接觸點用度與時機

(1) 媒體使用分析（media consumption）：指我們計畫溝通的受眾族群，在各個媒體或平臺的使用情況。

　　例如：廚房紙巾的消費對象設定在30-54的婦女，就這個目標族群來說，通常會再區分為上班族女性與家庭主婦，這個必要性的存在是基於同為30-54歲的婦女，有可能因為角色的不同而影響到媒體接觸或者使用的習性。在這樣的情況下，就有再區分為二的必要性。以家庭主婦而言，也許在家觀看電視或是打開收音機的機會是比較多的。而上班族女性一天有8個小時的時間已經被工作占去，所以自由支配的時間會比較少。但因為上下班是工作的日常，所以捷運媒體、公車車廂媒體、戶

外媒體，對於固定需要上下班的職業婦女而言，就是一個不可避免的媒體接觸。

　　通常我們會檢視其媒體接觸項目，進而分析接觸量的比例。

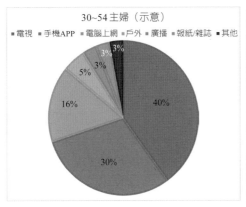
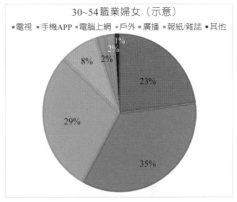

(2) 媒體日誌（media day）

　　媒體使用分析（media consumption）跟媒體日誌（media day）研究有非常緊密的關係，一般會以媒體日誌（media day）來描繪一天生活的媒體接觸習性。如有必要，一般日與假日也可以分開來觀察，例如：適合週日親子活動的場域，也有分開來觀察的必要性。而一般日常天天都需要使用到的生活用品週間、週末，如果產品使用沒有非常大的差距或是購買行為沒有非常大的差距，就不一定要週末跟週間分開來觀察。所以，媒體日誌（media day）也可以與媒體使用相互整合使用。只是媒體使用分析應該更著重在每一個單一媒體或是平臺使用量的研究。而媒體日誌比較著重在所有的媒體接觸點的全盤檢視、使用時間點與使用的場域，比方說辦公室、家中、在途（戶外＋交通）。

　　如下圖所示，主要是統整消費者日常的媒體接觸時間表，它跟媒體使用分析（media consumption）也有同中求異之處。媒體日誌（media day）說明了時間的重要性，而媒體使用分析說明了使用量的重要性，這些資料直接影響媒體使用時機跟使用量的考量。如果我想在特定時間

跟消費者接觸，比方說用餐時間，我要參考媒體日誌（media day）的時間點。如果我想強化品牌能見度，可以參考消費者最常接觸的媒體，所以如果能更清楚消費者在看什麼節目，常不常看電視，也會是非常值得參考的資料。

7:00~8:00	8:00~9:00	9:00~12:00	12:00~13:30	1:30~18:00	18:00~19:00	19:00~21:00	21:00~23:00
TV	OOH	internet PC	streaming drama Mobile	internet PC	OOH/music mobile	TV	streaming dama Tablet

3. 方法3，回應市場區隔與定位

S.T.P

目標群分析（target analysis）這個小節，特別針對目標對象的部分來談。

市場區隔（market segmentation）最早為美國行銷學家Wendell R. Smith所提出。在品牌行銷上被廣泛使用，也幾乎成為檢視並規劃品牌特色與差異化的必要觀點。進一步由Philip Kotler發展成S.T.P理論。Philip Kotler為現代行銷學之父，甚至到近年出版的《行銷4.0》一書，都提出非常有價值的行銷觀點。

從前面的章節，我們已經理解到品牌價值的重要性。談品牌價值時，它必定有跟其他品牌的差異性存在，因此從這個差異來探討該品牌對消費市場的價值，所以有了區隔與定位探討的必要性。目標對象在市場區隔的前提下，找出更針對性的目標族群，以致於能將產品的特色與目標對象的需求做出更深度的關聯性，也透過這樣的關聯性能夠確定產品和服務在市場上的定位。

舉例，X品牌的洗髮精，以需求性及價格定位而言，是提供給一般大眾市場日常清潔之用，但產品的功能強調洗潤合一，於是將功能性明確做出差異而有所區隔，主要針對工作繁忙希望節省時間的對象，也就是針對講求效率的目標對象。這個對象如果被劃定以都會年輕上班族為主，也等於目標對象已經做了初步的規劃，鎖定較為獨特的市場區隔與

明確服務對象，進而將產品定位在提供都會繁忙女性上班族快速便捷的頭髮清潔良方。

S.T.P就是透過市場區隔進一步規劃，描繪／設定與產品需求具關聯度的對象輪廓，然後為產品或服務設定明確的市場角色。在這個思維底下，目標對象的描繪就能夠更為清楚明確。這也是一種描繪目標對象的好方法，有這個前提再來規劃針對目標對象的傳播計畫，自然能夠更加有所依歸。

4. 方法4，人物誌（persona）

人物誌（persona）這個名詞最早源自瑞士心理學家卡爾・榮格（Carl Gustav Jang），原意是每個人都有各種面向與表現。社交場域不同，人們就會有不同的對應，後來逐漸擴大應用。在行銷領域談消費者洞察（consumer insight），也一樣需要研究消費者心理層面。至今，對於消費者各個面向的研究、描述，都因為數位發展顯得更有意義。

人物誌（persona）相對而言，是一個比較能對應網路數位發展所衍生的目標對象所設計的方法。

人物誌面向更多、更豐富，例如：背景、人口變項、人生目標、喜歡的、害怕的，對於行銷企劃在目標對象的勾勒很有幫助。人物誌（persona）也講求研究方法，但表現方式像塗鴉畫層次更多。在網路數位時代，它的重要性與實用性相對更高。

首先，其描繪的多元性，確實可以透過數位環境找到，符合這些特徵的對象或是標籤。而過去傳統媒體，缺乏一對一的觸及形式，所以即使對目標對象描繪豐富又細節，在傳播媒介的投遞上，並不會有更大的差異。比方說，亮彩洗衣粉投放電視廣告，電視機前坐著一家人，產品訊息並不會只有媽媽或家庭主婦看到，但是在數位網路就可以辦到，甚至可找到正在找洗衣粉資訊的對象。

人物誌（persona）的運用在數位平臺，特別值得參考。兩個關

鍵，起心動念（intention）跟行為模式（behavior）。網路科技具備數據與線上行為軌跡的條件，對於消費者特質與產品使用情境，特別能再透過數位科技傳播到溝通的對象，甚至進一步追蹤線上轉換率。

不管溝通對象對品牌的態度如何，一般我們將透過媒體傳遞溝通的對象稱之為受眾，或是視聽受眾，在一般的商業應用範疇，都是普遍可以通行的用詞。

7.4 受眾相關資料與數據

用在理解受眾於媒體、平臺的訊息接觸狀態，或是量化參考指標。

「受眾」在數位媒體與非數位媒體可以有不同的理解，最主要的區別來自透過線上軌跡。

在非數位領域的傳播歷程，還是有方法可以理解受眾狀態，原則上就是透過客觀性的市場調查來理解溝通狀態；也就是說，行銷傳播歷程並非有數位環境才存在的。

只是在數位環境，我們有機會推敲受眾的意圖，例如：透過點擊可判斷有沒有興趣、觀看時間長短可判斷興趣度高低，這些可蒐集的線上行為都是科學性的判讀視聽受眾的狀態；或是透過這些數位軌跡判讀溝通對象已經進階到產品用戶了（例如：粉專已經在分享經驗、部落客開箱文等狀態），而這些階段在非數位媒體環境是無法被判讀的，就是所謂傳播歷程的斷點。

因應媒體環境發展，受眾數據的多元性也不斷提升，對於現今的傳播應用價值是並行不悖的。

【傳統媒體vs.數位媒體】

傳統媒體與數位媒體最大的分野，也在於一對多或是一對一。比方說，電視固定頻道、固定時段播放的內容與廣告是一致的，不管電視機

前坐的是誰？數位媒體、新興媒體多半是針對一對一趨向個人化的概念。即使同時在瀏覽同一個網站，但每一個線上用戶會看到不一樣的內容或是廣告。即使是如此，品牌傳播在一開始透過產品定位、市場調查、目標對象需求等分析，設定主要溝通對象的原則並無悖離，只是更精準的達到傳播目的。

【傳統媒體受眾數據：節目偏好、收視率】

傳統媒體，以涵蓋面最廣的電視而言，當品牌透過市場分析完成目標受眾界定之後，一般會透過尼爾森電視頻道收視率的研究分析來決定什麼樣的頻道、節目、時段適合於品牌所設定的目標受眾。在這個前提之下，目標受眾的定義多半停留在人口變項，也就是性別、年齡及職業。例如：20-29歲／未婚／職業婦女、30-44歲／家庭主婦／有小孩。

所謂電視收視率調查，其實就是透過尼爾森採用固定樣組的方式進行，除進行一定比例的樣本輪換外，樣本相對比較固定。對電視收視率調查的合作樣本一年365天，每天24小時的收視行為進行不間斷檢測，獲得電視收視率數據。配置於樣本戶數的收視計量機器people meter，除了計量收視記錄，也可區分家中成員的個別收視行為。

【分野】

標籤，相較於受眾數據的意義，基本可以理解爲對於受眾一切在線上可以標示、註記的軌跡。因爲科技發展助長了龐大標示、標記的數據基礎，以及演算法提供快速分類、交叉、關聯度的便利應用，數位行銷所提倡的新模型應運而生。

科特勒的行銷4.0的5A，抑或從AIDA（attention-interest-desire-action）到AISAS（attention-interest-share-accept-spread; attention-interest-search-action-share），其中特別是「search」，這絕對是數位行銷模式的分水嶺。而search的基礎前提，就是要有龐大的被標記的資料，經過分類整理成爲資訊來滿足「search」的應用。

【數位媒體行爲軌跡】

數位媒體受眾完全跳脫傳統媒體針對受眾設定的侷限。回顧前一段傳統媒體受眾的定義，多半還是受限在性別、年齡等人口變項的條件設定，即使產品針對性強，傳統媒體以一對多的覆蓋能力，基本上無法因爲受眾的差異性進行個別理解跟觸及。比方說，用餐時間，電視廣告投放外送pizza的服務訊息，但是電視無法過濾不需要外送服務的對象，也無法避開不吃pizza的對象。相較之下，數位廣告投遞可以針對線上搜尋pizza、外送服務的對象進行加強個別投遞，或是提供線上服務。所以我們更精準地稱之爲平臺機制，這個具體的分水嶺，均仰賴數位軌跡的數據與演算法將服務提供方與服務需求方做了最好的媒體。媒體、媒介相對而言就更適用於傳統媒體的範疇，因爲媒介負責傳達品牌訊息，但無法幫品牌精準找到單一個體，投遞針對性的訊息。

【受眾數據／受眾標籤】

我曾經向一位做數據經營管理的專家請益，希望用最簡單的方式解釋「標籤數據」。說明如下，「我們一開始研發『自動分類』的技術，

這種技術簡單來說就是把一篇文章的詞都斷開來，然後這個詞即代表此文章的概念，以前都要透過人辨識類別，但如果能透過人工智慧的學習，系統自動的將幾萬篇或幾十萬篇文章，丟給一個學習好的機器人去自動分類，就不需要人來看。」

　　所謂分類就是一種臆測，臆測他可能屬於哪一類別，而我們當時就是專注在做分類的技術。因此有一段時間進而發展到知識管理，2005年就在想說，一篇文章的詞意、意涵，預測應該如何分類？相對於人，他的行為軌跡不就像這些詞，透過這些詞意的堆疊，描述了他是什麼樣的人？也可以預測他是不是屬於某個類別的偏好？喜歡某一類商品訊息？如果用在廣告，不就是為知識管理找到變現機制。

　　行銷傳播大數據是有多大？他只花了1分鐘，打一個比方，我覺得茅塞頓開。我們想像一張大得不得了的Excel表，假設X軸是人、Y軸的資料包含線上瀏覽行為看了什麼／讀了什麼？這些軌跡都標記下來，只是這個人的姓名欄空白、電話欄空白、關於他的個人資料都空白，於是我們只能姑且給他一串編碼。除非他是某家企業的消費者，而且他本人願意留下個資，即使如此，也無法在市面流通。既然個資無法流通，代碼也只是代碼，兩者沒有被勾記的一天，那就只能一輩子無緣見面且不相識。即使如此，數位科技發展下的新產物，數位標籤仍然非常有價值。傳播的範疇，也並沒有非要實名對象。但是受眾標籤提供一個機會，讓我們對目標對象可以有更多的描繪，並且可以透過受眾標籤的運用，更精確的找到他們。透過數位廣告技術作精準廣告投遞，並追蹤成效。

7.5 傳播與受眾歷程

　　無論是從傳統遞減式的AIDAS，到平臺生態型的AISAS，我們可以一一檢視受眾在不同行銷階段或是狀態的接觸點（contact point）樣

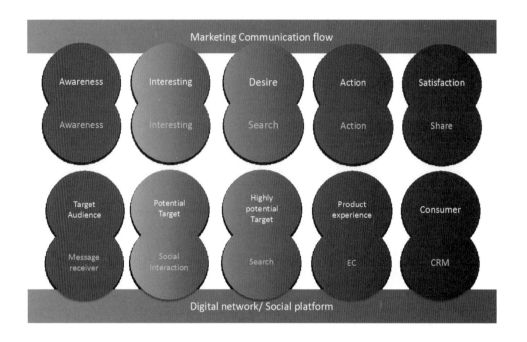

貌。如果我們把各個狀態下的接觸點結構與所需訊息型態一一對照，就不難察覺，行銷歷程所對應受眾的傳播形式各有所需。

以消費者歷程來說，可以理解，先透過資訊接觸，進而採取行動，進入產品體驗。

那麼在資訊接觸，特別是經過傳播管道接收訊息的對象，一般稱之為受眾。到了進入產品購買、體驗階段，則稱之為消費者。

由於數位網絡、社群平臺的環境訊息的流通性不再僅止於單向流動，訊息型態與內容不再是單一樣貌，所以每一個消費者或訊息接收者，同時可以是訊息傳播者、訊息製造者，在品牌傳播的過程中，依其個人經驗與自媒體交流的方式，參與傳播的過程。

也就是說品牌一旦進入市場，就可能開始與市場的每一個個體產生互動，交流的深淺影響到消費行為與品牌認知。本書第一章，已經提到幾個行銷模組與消費者的狀態。以下我們試圖從傳播的切面看「受眾」的狀態，以方便對應傳播的模式。

特別要注意的是，品牌傳播對於受眾的影響，可以先聚焦在從品牌所屬企業／廣告主出發，透過自媒體、社群發酵的動能，也有不可分割的連動性，更需要從平臺環境構面來研究。

【AIDAS】

1. Awareness：一般視聽受眾

經過接收商業廣告訊息，開始跟品牌產生關係，也可視為傳播的第一階段，採用簡短聚焦的形式，達到廣為告知。傳播媒介從電視、網路、手機、報紙、雜誌、戶外、通路都可一字排開，做全面傳播告知。

2. Interest：開始關注到廣告訊息的視聽眾

隨著品牌傳播的經營，當溝通對象開始對品牌／活動訊息產生興趣或好感，潛在消費者所需要的訊息開始增加，除了品牌端提供方便的管道方便潛在消費者做深入了解以外，社群環境也提供資訊的交流。

3. Desire：廣告訊息vs.產生需求的潛在客群

跟品牌產生連結，對產品訊息有印象，開始產生好感，潛在消費的購買動機已經成形，除了被動地接收訊息，更會轉為主動積極的了解產品資訊、其他消費者的使用、價格、銷售通路等。這個渴望在數位發展的現今，也形成主動搜尋。

4. Action：廣告訊息／產品vs.消費者體驗

品牌已經產生連結，開始進入行動，展開產品體驗。當消費者開始進入產品體驗，也等於是自媒體開始產出屬於他的經驗內容。

5. Satisfaction（or fail）：產品訊息／產品體驗vs.既有客群

品牌已經產生連結，透過體驗產品，進而累積好感或是使用經驗失

敗。無論是成功或失敗的經驗，消費者以自媒體的身分生成的經驗內容，也極有可能以自媒體身分，進入到社群作分享。

【AISAS】

以下說明AI "S" A "S"中的兩個S，其他見前述說明：

6. Search：**訊息搜尋**vs.**潛在消費者**

品牌與受眾關係的轉置

搜尋（search）為從品牌找受眾的關係，直接轉置為受眾找品牌。搜尋功能也可以說是傳播領域具革命性的典範轉移。品牌傳播的立場從「主動找」受眾轉變為「被找」。當消費者已進行主動搜尋狀態時，品牌如何好整以暇？

情境一，消費者先前已經透過某些管道對產品有興趣，進而主動搜尋資訊或是口碑，以便幫助消費者決策。例如：某品牌新推出的面膜。

情境二，消費者有明確需求，但還沒有明確品牌偏好，透過關鍵字搜尋，進行理解。例如：旅遊規劃、訂房。

情境三，尚無立即需求，但是開始進行資訊蒐集與規劃。例如：理財工具。

關鍵字廣告就是針對目的性明確的對象進行品牌溝通，協助搜尋者直接了解品牌差異與產品功能，甚至直接進行購買。

7. Share：**產品訊息／產品體驗分享**vs.**客群交流**

品牌是訊息傳播方，也是接收方。社群平臺帶來前所未有的傳播與受眾狀態質變。

社群個人用戶、社團、粉絲頁經營，都是自主性的進行資訊發布、傳遞、交流、分享。受眾既是接收訊息者，也是訊息發布者，自媒體的角色。品牌多半也在平臺上透過粉絲頁，直接經營與消費者的關係。或是目的相同的平臺用戶自組社團，相互分享經驗與交流。以臺灣前二大

社群平臺FB、IG爲例，無論消費者狀態處於什麼階段，社群平臺都是最具動能且影響消費者的傳播環境。

平臺訊息的流通相對於傳統媒體，就是傳播形式的質變。

品牌與受眾關係的質變

- 一對一：訊息流通是點對點的形式，絕大多數來自社群用戶，只有部分來自粉專。
- 品牌訊息非唯一：訊息內容自由、來源廣，受眾所接收的訊息來源，也非品牌主可以掌控。
- 品牌觀點非唯一：社群輿論、口碑絕大部分來自平臺用戶自主性交流，非品牌主所能主導。
- 品牌與受眾互動因平臺生態而異。

社群平臺品牌	總數	性別		年齡（歲）											
		男	女	12-14	15-19	20-24	25-29	30-34	35-39	40-44	45-49	50-54	55-59	60-64	65+
Facebook	98.9	99.2	98.6	100.0	95.7	97.6	97.4	99.6	100.0	99.4	100.0	100.0	99.1	98.0	100.0
Instagram	38.8	35.7	41.9	65.2	72.6	71.9	60.1	47.7	36.5	24.0	25.6	13.7	16.7	4.7	8.8
Twitter	5.6	6.9	4.3	0	9.5	10.6	13.1	4.1	5.5	3.5	5.1	1.1	0.9	3.2	3.8
PTT	1.4	1.7	1.1	0	0.9	2.6	6.7	1.0	2.7	0	0	0	0	0	0
微博	1.4	1.2	1.7	0	-	2.7	1.7	1.2	2.0	1.4	2.9	0.6	0.8	1.7	0
Dcard	1.3	1.5	1.2	0	2.0	6.7	2.5	1.0	0.6	0	0	0.6	0	0	0.9
LinkedIn	1.2	1.3	1.1	0	1.8	0.6	2.0	2.4	2.6	0.6	1.2	0	0	0.8	0
噗浪	1.1	0.8	1.4	0	-	2.1	4.1	1.4	0.5	1.4	0	0	0	2.4	0

複選、單位：%n = 1514
資料來源：本研究電訪（2019）。

【廣告追蹤】

1. 傳統媒體

這個階段，傳統做法是透過廣告播放後的市場調查，一般稱為廣告後測，對消費者進行關注度的了解。透過廣告後測理解廣告訊息被關注的程度，當然也可以進一步的檢視受測者對於新訊息的好感度，藉此來檢視訊息內容的設計策略是否與當初的設定目標一致，或需要調整。例如：寶僑、聯合利華標準做法就是當廣告聲量達一定程度時，就開始進行後測來關心市場反應，也會開始調查在接收訊息之後客戶的興趣度等。在傳統媒體的範疇，市場調查主要以抽樣問卷調查來作為市場資料的分析。這樣的市場調查，屬於封閉式的、抽樣式的、有限的調查對象，相對於現在數位環境，動則大數據，這種做法應該是抽樣小數據推估市場反應。

傳統做法如上所述，透過市場調查，持續追蹤消費者對廣告訊息從知道、關注、產生興趣的變化。尤其是FMCG品類累積了大量的實際經驗，廣告主甚至將廣告投資、傳播策略主軸與消費者好感度的關聯性，不斷累積成為模組，企圖找出效益最佳的做法。以寶僑、聯合利華等全球性企業，一直致力於透過科學且客觀的方式，找到提高消費者與產品關聯度高的關鍵因素，這對廣告主而言至關重要。

2. 數位環境線上追蹤

以數位環境來說，廣告訊息被觀看的時間，或是被點擊進入到活動頁面，甚至在活動頁面停留時間均有數據軌跡，也就是說數位環境提供更友善的資訊作為參考價值。例如：網路影音廣告，一般可以觀看5秒後略過，但如果觀看時間超過5秒而沒有略過，我們一般判斷為關注度高。如果觀看並進一步點擊，進到活動網頁，大概可以確定觀看者是有

興趣的。這些量化的指標在數位行銷上，都提供了相當便利的後臺資料。

從這些市場調查、後臺數據都提供了視聽眾反應的參考資料，同時也是作爲調整傳播訊息策略的依據。進行訊息與策略的調整，再執行傳播，然後再分析市場、了解市場反應，再回來調整。這個反覆的過程其實就是現在數位投遞常常說的優化，只是速度更快。

【社群追蹤】

1. 口碑vs.輿論分析 —— 與品牌產生連結，開始進入行動，展開產品體驗

這個階段的傳播對象具有關鍵性的轉折，他們將從視聽眾的角色跨入產品體驗／服務體驗，也就是步入客戶前的臨門一腳。這個階段也可以說是透過傳播操作的成功，而在消費者心中產生一定的影響力，足以使其產生行動的力道。傳播強度所造成的影響力不可小覷。產品經驗／服務經驗，將是品牌與消費者關係的下一個挑戰。

口碑是一個實際品牌體驗／產品經驗的訊息流通，在數位環境由於沒有任何訊息流通屏障，對於「體驗」的交流分享，形成一股不可忽視的力道。

在傳統傳播操作上，有一個訊息內容形式叫做實證（testimonial），旨在透過證言形式傳達產品使用經驗，或是品牌觀感。一般而言，實證的前提應該是當事人有實際產品體驗，並且願意爲此產品證言；相對而言，也是可被設計安排的，因爲多半是透過廣告主安排編輯產出的內容。傳播管道基本上是經過安排的。

到了數位平臺環境，口碑行銷（WOM）是更爲貼近產品經驗交流的狀況，一般而言，也非廣告主高度可掌控的訊息流通。若要對產品體驗口碑流通做最好的管理，根本之道還是在消費者體驗本身。若眞遇到狀況，口碑流通可比喻爲大禹治水，可疏通，避免防堵，以免欲蓋彌

彰，引發更多不可控制的情緒性的負面訊息流通。

　　輿論分析就是對應平臺環境自媒體訊息流通，所執行的追蹤研究。從社群巨量相關的輿情內容作撈取、集結關鍵字串、正負評量表，提供品牌一窺市場消費者動態的資料，並作爲傳播策略發展或是調整的依據。

2. 從受眾到自有數據——產品訊息／產品體驗vs.既有客群

　　傳播受眾感知品牌，就是關係建立的開始。因爲對品牌的好感提升，進而展開產品消費體驗，即是從單純閱聽人進入到消費者的角色。品牌關聯度與好感度愈高，傳播成本相對降低。行銷傳播投資所獲得的市場回饋ROI（投資報酬率，return of investment），能有更好的表現。

　　傳統的方式多半是採用EDM（電子郵件行銷，electronic direct mail）、廣告簡訊的方式，來對消費者進行新產品告知、或者是促銷活動。這樣的操作可以達到第一時間將公司的活動傳達給既有的客戶，以期提高活動效果，畢竟是針對已經成爲客戶的對象做直接的訊息溝通。

　　近年來隨著科技快速發展，以單一訊息傳達給所有的客戶的做法已經有了更新的可能性。行銷自動化（marketing automation）的概念就是將客戶群做更深度的消費資料分析，以個人化的方式將更適合於每個各人的訊息傳遞出去，以期提供更適合的產品與服務，甚至依據消費者使用頻次來做採購的提醒，並同時將這樣的互動追蹤資料，注解整理成爲對於客戶更深入了解的依據。透過這樣的模式不斷地提升跟消費者的關係，以建立品牌信賴度、產品銷售、客戶經營。

　　再進階者，隨著可參考數據的應用推演出客戶相關度高的需求，建立更有參考價值的預測模型，即使客戶尚未表示需求，但是訊息已經預先傳遞給客戶了。以數位線上體驗而言，電子商務會員經營，可以說是將這個機制充分發揮的客戶經營管理。例如：我們在EC瀏覽訂閱了咖啡機，而衍生性的商品，例如：咖啡豆、濾紙、咖啡杯等訊息都可能針

對性的傳遞。

　　品牌與客戶關係進入到這個階段，除了行銷傳播對於受眾的探討之外，還有一個針對已經可以掌握的既有客戶的經營關係（行銷科技自動化），一般稱作客戶關係管理（CRM）。客戶關係管理顧名思義，對象是已經有了消費行為、產品／服務經驗的客戶。這群目標對象相較於一般市場受眾應該是提供給企業比較多可以參考運用的資料，以便提升跟消費者之間的關係。

　　行銷傳播，尤其是廣宣環節，在過去常常被視為成本，一旦如此就必定落入成本管控，成本愈低愈好的思維。最經典的一句話是費城商人約翰‧華納梅克（John Wanamaker）：我知道我的廣告費有一半是浪費的，問題是，我不知道浪費掉的是哪一半。如今，受眾資料這麼值得研究的關鍵就在，行銷傳播歷程可以更透明且可勾記。最終收納在企業最珍貴的資產，為客戶資料（第一方自有數據）。廣告傳播的費用可以視為必要的投資，只要受眾分析功課做足，收納數據的系統環境俱足，受眾的理解將成為品牌行銷入寶山不可空手而回的不二法門。

內容行銷與集客力

對於建立品牌而言，好內容是不可或缺的要素。好內容，是傳遞品牌價值的關鍵。

「內容行銷」是一種藉由不斷產出高價值、與顧客高度相關的內容來吸引顧客的行銷手段；與多數傳統廣告相反，內容行銷旨在長期與顧客保持聯繫，避免直接明示產品或服務，而是持續提供高度價值和相關性的內容給顧客；以「改變顧客行為或消費習慣為目的」來持續與顧客「溝通」，最終讓顧客對企業產生信賴和忠誠感。大企業與新創公司很多都已採用內容行銷，作為長期發展的策略之一。

內容行銷不等於是有「內容」的行銷，而是讓潛在客戶對「內容」產生共鳴的「行銷」。以前的電視廣告或是路邊的海報都是內容，只是傳統的行銷方式大多是把包含訊息的內容素材，從品牌方「推送」出去給消費者。現今所談的內容行銷，最核心的思想是，以目標受眾的需求為基礎，創作出和品牌方想要傳達的訊息相關性高的內容，讓目標受眾自己靠攏過來，也就是發揮所謂「Pull」的效果。換句話說，以「內容行銷」為發想的創作，必須以具體目標對象的消費者圖像（人物特徵、行為）為起點，整合多方數據，包含交易、社群、廣告、媒體、網站瀏覽行為、顧客關係資料，以及物聯網所送出的物件偵測資料等，從多方關聯的數據整合中，找出有價值的資訊與傳播策略，針對目標族群想知道的訊息來設計內容。因此要做好內容行銷，必須從客戶的視角與市場處境，釐清目前的產業環境、分析營運或品牌面臨的處境，找出解決問題的各種方案，同時具備高度理解數據與活用數位科技的能力，用說故事的力量觸動人心，有技巧地把所有的複雜數據轉換成簡潔有力的體驗與溝通；而不是提出一個廣告、一個活動、一個媒體方案，或是陷入技術與點子的討論而已。

傳統行銷在建立品牌知名度和引發對品牌的興趣扮演主要角色，內容行銷則是對內容進行創作與傳播，目的在創造品牌與顧客間更深的連

結。內容行銷被視爲數位經濟時代廣告的未來，然而這種新形式的廣告不只是長版的廣告而已，內容行銷與廣告最大的不同是以消費者爲核心，提供對消費者有意義的訊息，透過數據分析，可以做到針對個別消費者打造個人化的內容，進行一對一而非一對多的溝通。傳統廣告目的在協助品牌傳達有利銷售的資訊，內容行銷的資訊則是創造一些對顧客有價值、有用的內容，目的在協助顧客達成自己的目標。以下表8.1，以傳統行銷與內容行銷作比較，可以更清楚的區辨傳統行銷與內容行銷的差別。

表8.1　內容行銷與傳統行銷比較表

	傳統行銷	內容行銷
本質	傳統行銷誇大或放大特點	內容行銷創造資訊，讓客戶喜歡，減少推銷
特性	讓產品或服務藉由各個管道出現在消費者面前	滿足客戶對資訊的需求
通路限制	他人通路。如平面廣告需藉由報紙通路傳達、電視廣告需藉由電視傳達、電視劇置入、雜誌廣告等非自有公司擁有的平臺等	自有通路。經營自有公司的官方網站、部落格、臉書粉絲團等
主要投入	廣告費、花錢刊登	編輯費、撰文費、人工作業時間長
效益性	一次解決、有時程性、刊登週期	無限長的有效期
接觸潛在客戶方式	主動投放，較爲干擾	搜尋而來，提供顧客資訊

資料來源：本書整理自《行銷4.0》（2021）。

資訊爆炸的時代，廣告和資訊過多，消費者的心防也愈來愈重。傳統廣告著重將產品的優點或特色讓客戶知道，內容行銷則是滿足客戶對

資訊的需求。因此品牌傳播主軸從「以產品功能吸引顧客」，轉變成「提供便利服務與實用資訊吸引顧客」。其溝通原則是在不打擾消費者的前提下，把內容放在市場中，免費的資源取得，幫助消費者把生活過的更好。因此內容行銷與消費者的關係並不始於銷售，而是提供優質內容協助顧客解決一些問題、滿足一些需求、或達成了一些願望。為了吸引消費者注意，可提供實用的資訊，協助顧客過得更好，也可以娛樂他們，和顧客搏感情，建立長久穩定的互動關係。內容行銷就是創造消費者熱愛的有趣資訊，讓他們注意到你，並且進一步喜歡你的產品、購買你的產品或服務。

8.2 品牌敘事與創意

【品牌敘事的符號建構】

　　品牌敘事的目的即在吸引目標受眾注意，認識品牌，傳達品牌主張與精神，強化品牌印象，並創造品牌與消費者之間的情感連結。「統一麵」的內容行銷，即透過「小時光麵館」的符號建構，將小時光麵館發生的人生故事，結合心情調味，變成一道道獨創料理，使消費者沉浸在故事微電影中，產生情緒上的共鳴與呼應。

　　敘事是一種敘述與建構的「故事」，也就是指講述的內容。敘事取向假設人們喜歡說故事，亦即人們會組織其重要的經驗成為故事，而說故事便是使其生命中的各種事件，賦予意義的基本方法。敘事經常由對話產生，故事不僅只讓對方知曉，還包括說者與聽者之間的互動，透過互相詮釋的過程，敘事者與傾聽者共同發展出故事的意義。統一麵經由市調發現，對很多消費者而言，泡麵是重要的生活記憶，吃泡麵本身就是一件幸福的事，重點不在於不斷更新的產品規格或特色，而是歷久不衰的經典口味，因此小時光麵館的點子應運而生，主打溫情和懷舊路

線，運用發生在消費者周遭的人、事、物，融入品牌至消費者心中，將統一麵結合心情變成一道道獨創的料理，透過小時光麵館發生的故事，呈現出生活中可能發生在你我身上的點點滴滴，使消費者透過故事產生共鳴，將統一麵「以心情調味」的主軸發酵擴散出去。

　　敘事與故事不同之處在於「故事」為一系列靜態的事件，「敘事」則以建構的形式呈現，由場域、人物和情節三個部分組成，加以敘述故事。例如：以愛情故事為主軸的統一麵，藉由老闆製作獨特又暖心的料理，結合令人意外的故事情節，使人在製作料理時能聯想到故事情節，加深對獨特料理的印象。或者以料理連結某段過去的回憶或情感，又如：〈栗子蛋糕〉中代表對初戀的懷念、〈陽光佐夏威夷炒麵〉連結父親與已逝女兒之間的情感；〈邂逅一碗肉燥麵〉則使肉燥麵成為兩位陌生人之間的關聯。另外，善用料理的味覺感受，隱喻某些難以言喻的人生滋味，敘說面對工作與人生困境時的各種多樣面貌，對人生饒富哲理的思考與領悟，傳達截然不同的心情況味，例如：〈不尋常的家常麵〉中，平凡的湯頭卻擁有不尋常的味道。或者使用與料理外形相類似的共同性，憶起某樣記憶中的事物，如〈黃金遊樂園〉中的摩天輪；或以外形象徵某些特定訊息，如〈世界無敵蝦〉中蝦子煮熟後彎曲的姿勢象徵道歉的行為、〈美美獨享〉中一杯獨享的肉燥麵暗示愛情無法共享的特質。

　　臺灣泡麵市場競爭激烈，各家廠商皆絞盡思考，如何能異軍突起，奠定市場不敗地位。統一麵是個有44年悠久歷史的品牌，旗下最有名的產品就是統一肉燥麵。過去泡麵行銷靠的是電視廣告轟炸，不斷對消費者洗腦。這招在過去有效，但面對數位時代，不但電視廣告轟炸的代價太高，效果也愈來愈差。數位環境的消費者愛聽故事，觀看微電影，但不喜歡看傳統廣告，換句話說，現在品牌比的已經不只是「聲音要夠大」，還要能滲透進消費者的日常。如何善用網路平臺，拉近與年輕人的距離，提升品牌好感度和產品銷售量，由產品核心消費的40-50歲年齡層客戶往外擴散，開創20-30歲年齡層及10-20歲年齡層消費群，成為

統一麵的重要行銷目標。因此統一麵的小時光麵館將故事與行銷結合，運用友情、親情、愛情等多樣題材，融合各類符號元素，拍出一支支感動觀眾的微電影，不僅提升故事分享力，也突出統一麵歷久不衰的經典口味，集合消費者創意，為泡麵增加更多創新可能性與話題性。

【品牌議題與社會需求結合】

過去品牌多針對產品和服務與消費者溝通，盡可能避免對社會／政治議題發表意見，以減少爭議與消費者反彈。但隨著時代改變，時下新世代消費者注重的不僅止於商品和服務，而是品牌背後代表的深度價值觀與文化意涵，因此許多品牌開始選擇合適的社會議題切入，同時慎重考慮品牌自身的角色定位，堅定立場，長期與消費者站在同一陣線，才能建立信任與好感度；再進一步則是提出對議題有實際幫助的作為，或是幫助消費者實現他們追求的價值。例如：「美」一直是多芬的品牌核心價值，因此多芬專注的社會議題大多與女性對美的認知有關，並帶入其「提升美麗」的品牌主張。美國知名冰淇淋品牌Ben & Jerry's多年來一直致力於關心環保議題，環保是Ben & Jerry's長期經營的核心價值。在2017年6月美國總統川普宣布退出《巴黎協定》後，Ben & Jerry's也推出了「Save our world」行銷活動，利用冰淇淋的產品特性帶出環保議題。透過「Save our world」的環保活動，傳達「If it's melted, it's ruined」的氣候化警訊，廣告影片中強調冰淇淋融化的樣子，隱喻氣候變遷帶來的環境變化，同時發表了一個「即將消失的口味」名單，像是可可、花生及咖啡這些口味的原料即將因氣候變遷而消失。YouTube影片將觀看者引導至品牌官網，進一步了解品牌對社會議題的看法，並呼籲消費者參與連署行動。

另一個例子是以倡導共享價值的Airbnb，推出主題為「We accept」的30秒電視廣告，隱喻美國總統川普移民政策的意涵十分明顯。影片中有跨種族、性別、年齡的演員演出，搭配字幕「無論你是何人、

身在何方、愛誰或崇拜誰，我們四海一家」，推廣多元文化價值觀。Airbnb選擇發聲的議題和他們的品牌精神與服務能夠產生連結，且連結不只是在廣告內容，還延伸到實際的行動。不到1分鐘的廣告在釋出的第一個月，就在YouTube上創下了500萬的瀏覽數，在Instagram上突破10萬瀏覽，#weaccept這個標籤也受到熱烈迴響，許多政治人物或是名人都使用（動腦新聞，2018）。

數位時代要和消費者溝通及互動，有觀點、人性化是重要元素，企業需檢視品牌長期經營的價值，找到最適合品牌處理的社會需求，針對特定社會／政治議題表明自身立場與觀點，有故事、有案例、接近並貼進顧客的需求，以原創、自行產生的優質內容，經營故事創作，找到品牌的聲音，然後表達出來。再透過三個階段運作，先引發消費者共鳴、提高品牌好感度，再藉由跨媒體的敘事溝通，由核心議題出發，以不同的媒體接力敘述品牌故事，產生多元的動員與連結銷售的效益。

8.3 內容集客與導流設計

當代行銷之父Philip Kotler在《行銷4.0》一書中提醒行銷人員和企業主，處在新虛實融合時代的內容行銷，品牌提供給消費者的訊息，在滿足客戶對資訊的需求，協助達成其個人或專業目標，重點在為顧客創造價值，而不在幫助銷售。然而內容行銷最大的特色是擁有無限的長期宣傳效益，當一篇好文章放在網路上，時間累積的瀏覽與點閱率，所帶來的效益是長期性的，雖然一開始不是以銷售作為起點，但是在閱讀相關內容後的潛在顧客，對營業額的貢獻明顯增加，這樣的潛在顧客所能帶來的銷售效益更是驚人。換句話說，內容行銷的目標是成為顧客生活裡的一部分，讓他們視品牌為終身的合作夥伴，後續的產品或服務銷售就會變得容易多了。因此，要讓內容發揮作用，我們創造的內容，必須仔細思考以下兩個問題：一、我們創造的內容，可以讓內容發揮作用

嗎？如何設定內容策略，並且讓消費者喜歡，可以不直接宣傳產品，但又能夠圍繞在產品周圍。二、是否能有助於促進銷售？讓行銷的投資報酬率更高？

針對第一個問題，要做好的內容行銷必須更加關注顧客的需求，不能一味宣傳自家商品的資訊，而是要著眼在顧客所要的資訊，才能抓住顧客的心。舉個例子來說，如果你是提供酒類產品，可以藉著提供佐酒的料理食譜、提供酒品的選購資訊、與品酒相關的注意事項等與消費者生活習習相關的內容，來強化與消費者的關係，讓顧客信任你、喜歡你，以及在顧客尋找優質內容時可能找到你。換言之，內容行銷所提供給顧客的訊息，可以不受時間、通路和預算的限制，讓質優的好內容帶來潛在消費者。但如果只是急著想要商品曝光，完全忽略觀眾感受，便會犧牲內容作品的分享力。因此，內容行銷不是每天產生很多內容而已，內容行銷強調的是「什麼才是消費者認為重要的內容？」「什麼是消費者關心的？」一切要回到原點，以消費者為核心，同時必須思考透過網路上的層層銷售過程，如何讓內容層層縮小範圍，引導消費者進到完成訂單與購買。

至於第二個問題，如何運用內容行銷促進銷售，前文提到統一麵打造的「小時光麵館」，就是一個成功的內容集客與導流設計。首先運用故事行銷，以拍攝微電影的方式，從生活議題切入訴說打動人心的故事，再開發創意食譜，每一集都有一個創意食譜，將故事與產品結合。統一企業透過「小時光麵館」微電影成功創造行銷話題，從創建You-Tube「統一麵」頻道，架設「小時光麵館」專題網站，以及「統一」粉絲專頁的相關貼文，兩季篇章共創下逾1500萬的點閱率。最後以虛擬優化實體的策略，將小時光麵館的主題導入7-ELEVEn，打造店中店門市，門市中重建了微電影中溫馨的故事場景，以復古風味的日式小店面，創造懷舊空間，將消費者從網路上看到的劇情故事帶到實體門市，讓消費者對品牌有更不一樣的體驗。同時結合話題操作，臺中沙鹿區的美仁里，就將爆紅的微電影內容彩繪在牆面上，讓民眾再次回味「那些

年，一碗麵的記憶」。同時也與網紅和部落客合作，開發創意料理，增加料理實現的可能性，激起民眾購買產品的欲望。另外也嘗試與Yahoo奇摩合作創辦了小時光麵館的專題頁面，讓對於想製作出小時光麵館系列電影中獨特料理的人，可以依照影片來動手做看看。其他搭配如結合照片上傳臉書打卡等贈品活動，以及快閃店面宣傳，開發全新特色聯名麵料理等，都顛覆了民眾對統一麵的既定印象。

UGC意指User-Generated Content「使用者創作內容」，是由一般消費者而非企業端產出的社群圖文。品牌必須知道如何使用「使用者原創內容」，運用網路口碑二次曝光商品並刺激銷售！近年來的商品導購除了廣告，更傾向以往類似口耳相傳的行為。「微網紅行銷」是當前的銷售趨勢，品牌若能有效運用消費者的網路口碑，就有機會引發網友的好奇心並進一步詢問試用。透過如臉書之類的社群平臺從第一層次的單純觀看，再來產生影響與之互動，最後是願意分享，產生更大的影響力。Instagram是目前群眾潮流的另一轉向，用戶更常在Instagram上發表自己的動態，也是UGC社群口碑的新優勢，通過Instagram社群的特性，無論是素人或網紅，內容展現的形式更能有效曝光品牌，並做及時的反應。

2017年臺北世界大學運動會創造的驕傲與感動，也充分運用了微網紅行銷與UGC社群口碑的力量。一開始世大運的熊讚廣告被罵翻，狀況百出，媒體滿滿負評，短期內要翻轉大眾印象，重新建立對世大運的認知與提升好感度，就必須回到行銷溝通的基本策略與核心價值。以運動競賽的「主場」概念，世大運重新出發，從首支廣告《國手回家》一直到後期的《其實，我們一直都在》，都有「回家比賽」及「主場」的核心價值。官方宣傳片「Taipei in Motion」將各種運動與日常生活結合的宣傳片，推出後獲得社群上極大迴響，也讓大眾看見世大運的價值所在，對它抱持更多期待。另一波以泳池為主題的捷運內車廂彩繪，也引發熱情市民網友紛紛拍照上傳，「使用者原創內容」的社群口碑與圖文創作，在國內外社群媒體造成轟動，也吸引了媒體的爭相報導。同時

為了向年輕族群宣傳及推廣世大運，臺北市長柯文哲與9位網紅YouTuber合作的內容影片，以9位YouTuber加起來共300萬的粉絲基數，也在年輕的網路族群中創造更多的聲量與擴散的影響力。

UGC對企業來說是個難得的線上資產，自2016年開始，不少日本企業成功運用Letro提供的工具，有效利用網友UGC行銷並進而增加銷售量。Letro就是因應社群潮流而生的一套整合工具，能擷取Instagram #UGC做導入官網的新渠道，幫助品牌運用社群平臺上的使用者原創內容，二次曝光產品並讓行銷效果加倍。日本男性保養品牌「BULK HOMME」搭配UGC行銷，深知網友在Instagram上傳的商品照可以帶動買氣，長期與網紅合作，運用UGC作為拓展品牌認知的行銷策略，達到節省口碑傳散時間成本，發揮社群曝光應有的行銷效益。知名的麒麟啤酒KIRIN也活用UGC進行社群發布，透過Letro將消費者提及品牌的貼文，作為官方Instagram的內容，讓追蹤帳號的網友可即時看到購買者的心得，由消費者主動替品牌宣傳，不但大幅減少營運工時，還突破品牌自身廣告創意的極限！

這也象徵了近年來的商品導購除了廣告，更傾向以往類似口耳相傳的行為，但目前群眾潮流轉向Instagram，用戶更常在Instagram上發表自己的動態，也就是UGC社群口碑的新優勢，通過Instagram社群的特性，無論是素人或網紅，內容展現的形式更能有效曝光品牌，並做及時的反應。

Letro就是因應社群潮流而生的一套產品，能擷取Instagram #UGC做導入官網的新渠道，降低客群的猶豫期，達到節省口碑行銷上的時間成本，發揮社群行銷曝光效果應有的效益！美妝消費品更需要口碑曝光，日本SC蒸氣霜運用UGC擴大線上銷售，運用Letro自動優化功能，消費者發布到Instagram上的發文使產品更具真實性，有效將粉絲聲量轉化為品牌銷售量（動腦新聞，https://www.brain.com.tw/news/articlecontent?ID=47688#P5obAaXs）。

　　傳統廣告著重於傳遞產品的優點或特色讓客戶知道，內容行銷則是要讓潛在顧客對「內容」產生共鳴的「行銷」。每一個目標客群都有不同特性、不同特質，有所關注的主題。內容行銷要讓閱聽眾找到有實質意義的內容，對他們有用的資訊。一般而言，消費者的購買行為通常會經歷以下順序：一、認知：消費者開始嘗試釐清所有選項。二、資訊搜尋：他們開始尋找解決方案。三、要求：他們要求取得特定的價格資訊。四、購買決策：他們決定是否繼續下個步驟。五、其他選擇：他們查看競爭者提供哪些產品和服務。六、候選清單：決定採用哪一項解決方案。內容行銷就是要針對各個不同階段創造撼動人心的內容，然後適時推播出去。隨著智慧型手機與行動上網的普及，新媒介科技含括了傳統媒介，不但整合既有媒體，還可以突破空間、時間的限制，擴展觸及範圍，展現新的溝通模式，大大提升了媒介豐富度和互動性，從「透過電視廣告吸引顧客到門市」，轉變成「透過LINE訊息吸引顧客到Facebook、Blog或e同購」。行銷創新透過數位新媒體，創造與年輕族群對話的平臺，透過提供服務博取好感與信任，同時要結合通路的創新，透過網路購物平臺串聯線上與線下的銷售與相關服務，突破實體門市數量與商品展示空間有限的困境。

　　至於內容主題與故事的構思和規劃、內容的形式和組合，都必須用心經營。在內容呈現上可用部落格文章、電子書、網頁、簡報、新聞稿、入門手冊、個案研究、影片、線上研討會等方式呈現。推播內容可藉由官方網站、部落格、社群媒體、電子報、外部合作媒體、異業合作（雜誌、書籍）等方式，透過免費線上閱讀、提供個人資料方可下載、付費、分享後可獲得連結、或登入會員等機制建立與消費者的互動關係。重點是在顧客關心的議題上，成為一個他們信賴的專家、重要的夥伴，並且針對他們購買前經歷的各個階段，有計畫的適時建構內容文案與顧客之間的關係，創造對話與聲勢，發揮口碑影響的力量。

由於數位科技的進步，光是傳統媒體已經不足以涵蓋今日媒體的現象，新的媒體觀點則以BOE（bought media, owned media, earned media）的波段操作與媒體整合，讓內容擴散與放大。Bought media指的是企業或是品牌所購買的媒體，以單向傳播的方式，保持曝光量；Owned media是指品牌自有的媒體，包括官方網站、公關活動，以議題操作的方式與消費互動；Earned media則是免費賺來的媒體，即消費者在人際與社群網路空間的口碑傳遞，透過BOE三者不同的媒體，創造跨媒體的溝通效益（凱絡媒體週報，2010）。企業和消費者藉由網路媒介交流互動，關係愈來愈緊密，購買變成一種行銷循環，從商品賣出的那一刻，同時也是下一次消費的開端。消費者會將使用商品的經驗、熱情和感想，在實體世界和虛擬網路中與他人分享，造成口碑的快速傳遞，形成下一波注意、興趣和欲求的行銷循環。

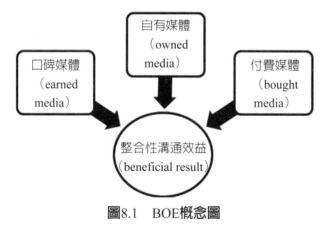

圖8.1　BOE概念圖

資料來源：本書整理自凱絡媒體週報（2010）。

　　總結內容行銷的主題、內容與形式，與其對應的數位工具和波段操作，其行銷傳播的重點在於：1.保持創意話題，擴大與消費者的互動，吸引關注；2.大量製作內容素材，透過數位平臺分享主題內容，接觸潛在消費族群，進而產生認同感；3.打造線上、線下聚落，連結特定消費

族群需求，透過平臺資訊的分享回饋，貼近核心需求的消費客群，打造客製化商品及服務，滿足客製化與個人化需求。例如：以設計購物網站起家的品牌Pinkoi，集結各類設計品牌，打造個性化及客製化的風格銷售平臺，並透過提供多元的客製化品牌選擇與個性化設計，將品味生活的概念和品牌形象植入大眾對生活的想像，藉此形成自有的文青文化，以此回應並喚醒特定消費者需求，不僅擴大品牌形象認同，也滿足更多客製化的消費需求。

8.5 集客行銷與推播行銷

　　集客行銷就是inbound marketing，是一種使用「優質內容」來吸引客戶的網路行銷方式，可透過建立自媒體內容，累積品牌在消費者間的口碑。集客行銷（inbound marketing）常藉由知識性文章或有價值的產業資訊分享，透過完整的內容布局，來吸引顧客，解決他們各自遇到的問題。集客行銷擅長吸引到「品質較高」的顧客群，在行銷的溝通情境上，必須有精準的內容策略，製造出對客戶有價值的內容，才能突出商品價值，建立信賴度。推播行銷（outbound marketing），則是主動推播訊息給消費者，例如：在臉書或Google上面買廣告來獲得曝光率的行銷模式，就是一種推播行銷，也就是透過「推銷」來達成銷售目的。這種行銷方式剛好跟集客行銷完全相反，所以稱之為推播行銷。這種推播方式較不精準，也容易打斷消費者，往往因為消費者不願意看到或者沒有任何興趣，造成體驗不佳，但是推播行銷的傳散速度快上許多。過去，品牌以推播式行銷，只要以一句廣告詞或一個經典畫面，就有機會讓消費者牢牢記住，但隨著數位化時代來臨，面對消費者多變的需求，眾多繁雜的資訊就像是記憶碎片，品牌不再是砸大錢做推播式廣告，就能在第一時間搶到消費者。唯有保持更多策略彈性，掌握消費者主權，提供個性化且客製化的商品服務，並掌握內容行銷的溝通趨勢，透過創

意互動，有價值內容的生成，才能讓消費者高度記憶，也更符合數位潮流下資訊的傳遞與接收模式。集客式的行銷方式有賴企業網頁持續提供有價值的內容，再搭配健全的SEO優化來提升自然流量，就能吸引更多的潛在顧客主動光臨網站。接著，再透過集客行銷的行銷漏斗，逐步讓這些內容使用者對企業的品牌產生信任，進而轉化為企業的客戶。

　　不過，雖然集客行銷正在熱潮上，不代表推播行銷不重要，很多時候要靠推播行銷的協助擴散，提升擴散速度、創造話題來讓消費者「意識到」自身需求。單做任何一個，無法讓行銷效益最大化，集客式行銷、推播式行銷要同時交叉運用，才能創造最大效益。例如：新品牌或新產品上市，短期在時間壓力下，用推播式行銷，創造議題聲量絕對是一個最快的方法，聲量串起的同時，需要集客式行銷去承接這股熱潮，讓顧客在後續搜尋時，能透過有價值的內容真正了解企業的品牌和產品。又比方潛在顧客先在Google搜尋時，看到你在部落格撰寫的文章（集客的內容行銷inbound），同時在部落格文章的結尾，潛在顧客可以下載懶人包（inbound），一旦顧客執行了某些特定動作（看過特定頁面、點擊特定按鈕、留下e-mail等），推播式的outbound行銷後續流程就開始了，有了顧客的e-mail後，就可以開始向潛在顧客發送電子郵件（outbound），即使他們沒有下載，也可以針對這群人進行廣告投放（outbound）。換句話說，推播行銷創造議題聲量，集客行銷可透過優質內容教育市場、吸收潛在顧客。唯有當品牌愈懂消費者，才能展示品牌更多優勢內容，並進行全方位的行銷與導購流程設計，進而透過廣告導量，吸引、接觸最大的消費族群，甚至讓消費者主動成為品牌代言人，替商品和品牌加分，創造更大的銷售機會與價值。

表8.2 集客行銷與推播行銷比較

集客行銷	推播行銷
拉式行銷 （customer-driven）	推式行銷 （marketer-driven）
部落格知識性文章 社群經營 關鍵字廣告 懶人包、教學影片提供	電視廣告 聯播網廣告 街頭問卷 垃圾郵件、簡訊、電話
瞄準特定「高價值潛在客戶」	投放範圍大，客戶較廣泛
顧客主動找尋答案，不會打擾其體驗	容易打斷客戶，導致體驗不佳
花費較多時間在「內容提供」	花費高額費用，每次曝光都需付費
一旦停止，仍可持續影響消費者 （內容資產一直存在）	一旦停止，後續效應會瞬間停止 （未來再也沒人看得到）

資料來源：https://darren-learn.com/inbound-marketing-outbound-marketing/

　　過去，企業在制定策略時，經常受外部競爭環境或科技發展影響，從企業自身利益出發，思考商業模式及經營計畫，依據自己在市場上的競爭優勢決定產品與服務，再向顧客推銷。這是一種由企業自身利益出發，制定產品、服務與行銷策略的傳統管理思維，也稱為inside out模式。隨著數位發展，顧客的影響力變大，企業紛紛轉向顧客的核心需求，思考如何創新，就是所謂的outside in模式，也就是從顧客利益出發反思企業應該如何經營的策略思維。集客行銷（inbound marketing）的核心是提供價值，其本質就是「內容行銷」，是一種藉由不斷產出高價值、與顧客高度相關的內容來吸引顧客的行銷手段，與多數傳統廣告相反，內容行銷旨在長期與顧客保持聯繫，避免直接明示產品或服務，而是持續提供高度價值和相關性的內容給顧客，以「改變顧客行為或消費習慣為目的」來持續與顧客「溝通」，最終讓顧客對企業產生信賴和忠誠感。

內容行銷是一門與客人溝通但不做任何銷售的藝術，它是一種「不干擾」的行銷，它不推銷產品或服務，只傳送有用的資訊。大企業與新創公司很多都已採用內容行銷作為長期發展的行銷傳播策略。行銷大師柯特勒（Philip Kotler）在《行銷4.0》一書中，提出了內容行銷的八個步驟，有助於企業或品牌在數位平臺上進行內容規劃與推播運用。內容行銷的八個步驟（Kotler, 2020）如下：

1. 設定目標：內容行銷的目標可分為兩大類，即(1)和銷售有關；(2)和品牌有關。

2. 選定觀眾：定義特定受眾，有助於創造更精準與深入的內容，使品牌故事更具說服力。

3. 內容構思和規劃：找出顧客感興趣的主題，探索各種資訊的展現方式，確保內容能被目標顧客看見。

4. 內容創作：誰來創作內容，內部取材、時事話題、創意發想、交由自製或外包、內容製作時間表等。

5. 內容傳播：想在哪些地方傳播內容？自有通路、付費媒體、免費下載或推播等。

6. 放大宣傳：如何利用內容資產與顧客互動，創造與內容相關的對話。

7. 內容行銷效果評估：設定內容行銷指標，包括能見度、喜愛度、行動度和分享度，來評估整體目標達成情況。

8. 內容行銷改進：如何改進現有的主題、內容與傳播方式，確實追蹤各種內容的行銷效果，準確評估並決定改進方向。

影響者傳播

1. 傳播過程的意見領袖與影響者。

2. 數位口碑與影響者類型。

3. 網紅與微型影響力。

4. 影響力操作與評估。

「意見領袖」的概念源自Katz與Lazarsfeld提出的「兩級傳播模式」（two-step flow of communication），目的在說明大眾傳播媒介和個人親身的影響力。這個模式源自Lazarsfeld等學者針對美國總統大選期間，大眾傳播在競選活動中的說服效果所做的研究（Lazarsfeld, Berelson, & Gaudet, 1944）。Katz與Lazarsfeld等人將1940年的研究結果及模式加以修正，引入「兩級傳播」及意見領袖（opinion leader）的概念，這個模式假設個人在社會中不是孤立的單位，而是和他人互動的社會團體成員，個人對於媒體訊息的反應不是直接立即的，而是透過社會關係的轉達，並且受社會關係的影響。兩級傳播模式中，大眾媒介與個人的關係，通常會透過意見領袖的中介，亦即這些個人都和某些特定的社會團體或意見領袖保持接觸與密切關係，這些團體或意見領袖往往會影響個人對媒介的接觸，以及對媒介訊息的解釋與行為改變。Katz與Lazarsfeld兩人合著《親身影響》（Katz & Lazarsfeld, 1955）一書，以實證觀點研究人際傳播經驗和溝通效果，發現人際溝通在資訊傳遞過程中扮演重要角色，而媒體只是加強輔助其效果，它可以幫助改變卻無法主導改變。

另一個支持以意見領袖發揮說服傳播力量的是創新傳布的研究。該研究重點在於分析社會系統的變數，對傳播媒體與資訊來源的重視、新知識新發明的正面功能、人際傳播的重要地位，以及資訊接收者不同的特質如何影響他們對於知識吸收的速度。該研究發現個人對創新的認知是可以被引導出來的，將創新優先推薦給體系中的一個小團體，這個團體中都是創新性比較高的人，是重要的策略目標，創新使用如果能達到關鍵多數，就可以迅速擴散開來。創新研究將傳播對象根據接受創新事物的時間，分成五種不同類型：創新者、早期採用者、早期大眾、晚期大眾和延遲者。創新者通常是技術的研發者或開創者，約占人口3%。早期採用者是一群積極接觸媒體，樂於嘗試或接受新知，較有遠見的

人，通常也扮演社會上意見領袖的角色，約占14%。創新傳布理論研究認為創新擴散是有階段性的，任何一項創新事物，若要向所有的人推廣，必定困難重重，因為按照創新採納的速度，只有3%的人屬於創新者，14%是早期採納者，剩下都是觀望的多數族群。因此重點在掌握創新傳布的過程，找到決策時間較快的創新者與早期採納族群中的意見領袖，先影響他們的認知，再透過他們的親身影響力，向主流大眾推廣，並運用大眾傳播，與親身傳播的交互影響力，達到廣泛採納的目標。

以上研究也界定了意見領袖的特質，是指某個人可以經常、非正式的影響他人的態度或行為，以達到預期的效果。而這種非正式的領導力，並非來自體系中的正式身分或地位，而是來自這個人本身的專業能力、社會親和力，以及創新性較高，熱衷外在溝通，較具世界公民的特質。受到科技進步與網路普及的影響，傳遞資訊的形式更為多樣化，使得近年來網路的非親身接觸，也成為相當重要傳遞訊息的媒介。口碑在網際網路上流傳的速度更快，因此，消費者透過瀏覽網頁、部落格、BBS、論壇等方式，或是在論壇上發問，尋求其他網友的意見，網友也會分享自身經驗與相關知識，一樣也能夠接收各種產品、服務的訊息，從虛擬空間中蒐集各種不同管道的資訊，並做產品、價格、評價等各種比較，這樣的過程也就形成了所謂的電子口碑（electronic word-of-mouth）或網路口碑（online word-of-mouth）。運用口碑進行行銷就是一種影響力傳播，影響力行銷的主要內涵在於：「界定出願意討論關於貴公司，具有影響他人能力的主要社群意見領袖，善用影響者的影響力來傳達想要傳遞的訊息，以帶來強而有力的衝擊。」

「意見領袖」與「影響者」等量齊觀，儘管大方向相同，可是若細究「什麼是影響者」的問題，兩者概念範疇並不等同，影響者可以是一個熱心的人或是評論者，這些人時常以一種有魅力的方式與人交流意見，大家或許不一定會同意這些意見，但藉由高人氣的部落格、影音平臺，或網站直播與相互連結，他們具備影響數以千計潛在購買者的力量。由上述論點可見，意見領袖屬於影響者的一種，但影響者未必是

意見領袖（也就是大家不一定同意其意見），但卻有足夠的影響力。影響力行銷更注重人際網絡的雙向擴散效果，這與產品代言人慣用大眾媒體進行單向宣傳的方式，在訊息流通管道的運用上有明顯的差別。從「名人」（celebrity）、「代言人」、「專業人士」到「社區的地方領袖」、「素人」，廣義來說，這些身分都歸屬「影響者」範疇。

由於公關操作與活動企劃，都必須在特定的時間內，成功銷售某項產品或觀念，因此上述的理論發現對公關策略思考極具啟發性。公共關係溝通的對象通常隸屬不同初級團體，透過團體成員的互動，人際關係扮演了相當重要的角色。在團體互動過程中，意見領袖可以將大眾媒體的訊息告知團體成員，並影響個人認知與態度。因此當公關人員在設定公關目標的溝通對象時，體認到人際傳播可能產生的說服效果，如何找出適當的意見領袖，發揮他們在傳播過程中的影響力，變得相當重要。公關產業無疑是個運用影響力的產業，小則舉凡從產品或服務的訊息傳送、活動籌劃到產品宣傳，大則影響政策或社會價值的改變，在說服或改變過程的背後往往需要各種影響力的投入與運用。

9.2 數位口碑與影響者類型

【網絡與口碑傳播】

在過去大眾媒體尚未發達的時代，人們大多靠著口耳相傳來傳遞資訊，到了今日資訊發達、數位匯流的年代，數位口碑扮演的角色更為重要。Rosen（2001）認為有三個原因：1.雜音：在資訊超載的時代，每位顧客必須隨時過濾從大眾媒體接收到的訊息，聽取朋友的意見可以簡化每天的日常，讓各種判斷和決定變得更加容易；2.懷疑：顧客在購買一項新產品之前，都會抱持懷疑的態度，如果有了朋友的推薦，會讓他們對於新產品產生信心；3.連線：透過網際網路，顧客與顧客之間的相

互連結變得更加容易，他們可以相互諮詢、分享對於產品的看法，網際網路提供消費者和他們熟識或陌生的消費者相互往來更爲方便。也因此，口碑在過去不僅是主要的資訊傳播方式，至今仍舊是相當重要的交流方法。

　　口碑是人與人之間彼此談論某種商品的特性、使用經驗或是某種服務提供者的非正式溝通。口碑對於一個品牌而言是一種口耳相傳，它聚集了所有人與人之間即時傳達任何有關一項特定的產品、服務、或公司的訊息。（林德國譯，2001）。Hughes則認爲「口碑行銷就是吸引消費者和媒體的強烈注意，強烈到談論你的品牌或公司，已經到樂趣十足、具有報導價值的程度。簡單地說，口碑就是啟動交談。」（Hughes, 2005；李芳齡，2006）。先前許多研究都將焦點放在親身、面對面的口碑傳播，但隨著網際網路的到來，主題性討論版的增加，未曾碰面的網友之間的電子口碑也顯得日益重要。

　　Hennig-Thurau等人（2004）將電子口碑（electronic word-of-mouth）定義爲：「一大群民眾或團體，他們可能是潛在的、實際上是或曾經是消費者的人，經由網際網路的管道，針對某項產品或企業發表任何正向或負向的陳述」，網路口碑有別於傳統的口碑，多了網際網路所帶來的即時性、互動性，所傳遞的範圍與對象也更廣，所需花費的時間也更少。相關研究也證實消費者爲了降低對於新產品的知覺風險，會尋求各方面的意見，來評估此項新產品或服務，高度知覺風險者比低度知覺風險者更傾向尋求各界的口碑；同時研究也發現，正面的口碑會增加購買的可能性；相反地，負面口碑會降低購買的可能性，且負面口碑的影響力大於正面口碑。數位環境的電子口碑使得潛在消費者能夠諮詢一大群的獨立評估者（independent evaluator）的意見，而不僅只是接收熟悉朋友圈所提供的意見，不但可以減少消費者決策時間，也能夠作出一個更好的抉擇。尤其網路的快速成長帶動了口碑的傳播，透過電子郵件（e-mail）、電子布告欄（BBS）、線上論壇（online forums）、入口網站討論區或部落格（blog），以及影音平臺等各種網路資訊傳播

的形式，進行更有效的口碑擴散與傳播。

Rosen（2001）談到影響口碑運作的原理包括：1.隱形的網絡：口碑是在隱形的網絡（invisible network）與顧客之間，彼此聯繫的人際資訊網絡中流傳的。2.物以類聚：人們傾向和自己相似的人往來，這也是隱形網絡的基本原理。這意味著相似的人會形成群組。3.社群：社群的產生是因為某一些人在他們的生活當中分享某方面的共同點，而且因為這些共同點而時常彼此聯繫。4.網路中樞和連結者創造出捷徑：網路中樞如同意見領袖，指的是某人針對一個特定產品比一般人與更多的人交流，而連結者和網路中樞的差異是，他們可以和兩個以上的群組產生連結。5.實體與虛擬的對話：儘管網路可以幫助我們和不同地區的人交流，但這並不代表地理位置不再重要，虛擬的通路可以傳遞資訊，事實上，實體上的往來還是散布訊息的關鍵因素。

口碑存在不同社群中，因為每個人不可能只屬於一個社群或小圈圈當中，一旦和不同圈子的人接觸，接收來自網絡社群之外的人所帶來的新資訊，口碑就會隨時傳遞出去，這也使得企業若想要掌握資訊流動的方向，就不是那麼容易控制了。不過，人們傾向和相似的人往來，形成網絡社群，這些人會暴露在相同的資訊底下，資訊也可能受困於社群之中，因此而阻塞。今日資訊移動非常快速，網路會增強社群聯繫，幫助在實體上可能不曾聯繫的社群，建立起聯繫的捷徑，讓連結多樣化，無論透過口耳相傳的方式，或是全球性網路的連結，這種實體地方和跨越區域限制的虛擬通路的結合，使得口碑變得更為重要，也創造了更大的口碑影響力。

【影響者類型】

「影響者」是一群高度運用口碑價值的人，他們會使用多重資訊來源，蒐集資訊或親身使用，並從各種說法拼湊出屬於自己的觀點。Rosen（2009）援用Keller與Berry（2003）所提之「ACTIVE」概念，來勾勒影響者形貌，即A是指「早期採用者」（ahead in adoption），

影響者雖非第一，但卻是所屬的人際網絡中極早採用某些新產品的人；C是指透過社交或電子方式的「連結者」（connected, socially and electronically），這指涉其通常位於同儕團體核心，並且銜接外在資訊來源；T雖名為「旅行者」（travellers），但非字意上的經常獨自旅遊，而是一種「世界公民」（cosmopolitan）的心態；I乃是「求知若渴者」（information hungry），為了向周遭人們傳遞資訊，影響者通常會花許多心力在學習；V是「發聲者」（vocal），這指有些影響者會透過部落格或線上論壇（online forums），或者是向周遭朋友持續推薦對產品或服務的使用心得。最後的E是「高度曝光者」（exposed to the media），這與前述「求知若渴者」有些類似，但更強調影響者主動接觸各類型媒介。

　　Roberts（2009）也有相似主張，他將影響者區分為「官方權威」（formal authority）、「專家與倡導者」（experts and advocates）、「媒體菁英」（media elite）、「文化菁英」（cultural elite）、「社交連結」（socially connected）五類，前四者的職業類型包括政府官員、分析師、電視名嘴、專欄作家或潮流領導者與流行達人等擁有較高社經地位或「文化資本」者，最後一類則以個人社交網絡為核心，具備較多「社會資本」而能夠接合諸多不同的人際網絡。至於影響者如何擴散自身感興趣的偏好或話題呢？以「名人偶像」而言，他們是實務上最常操作的影響者類型，不過名人範圍廣泛，從演藝明星、名媛貴婦、政治、網路或運動人物皆屬之，其身分容易引發媒體聚焦，所以言論具備相當影響力。另一類的影響者是「專家學者」，其名聲來自職場表現或學術專業訓練，故門檻較高，能在特定場域發揮影像力。至於「媒體菁英」本身就掌握媒體作為發聲管道，故能主導議題的塑造和流通。所謂「人脈樞紐」，例如：素人或部落客之類，由於和一般社會大眾距離較近，既不像「名人偶像」有媒體光環籠罩，也不如「專家學者」掌握特定知識技能，反而如同周遭朋友般熱情的陳述自身產品和使用經驗。這類影響者有時深受特定產業喜愛，常運用網路或論壇發聲，透過經驗分享而

影響跟隨者。至於第五類「官方權威」概念較爲發散，既指涉愛用者或業內人士，也可能是某行業的業界領袖，因爲他們對所屬社群有一定的影響力，比如說美食達人或像美妝部落客等，都可發揮一定的影響力。

隨著社群媒體成爲大眾生活的一部分，也連帶影響人們的消費習慣。現今消費者是以社群分類的，消費者更加依賴在社群上做購買決定。因此社群媒體成爲品牌商不可輕忽的行銷工具，每一個社群中都有他們的影響者存在，而品牌需要去發掘與維護他們，透過影響者影響到其他消費者。影響者行銷與名人代言的差異，在於影響者不會隸屬於單一品牌，影響者乃基於粉絲信任，影響其認同產品，企業可透過與不同影響者合作，來開發多種廣告風格，延緩消費者對產品的疲勞，也讓更多潛在消費者認識自己的品牌。除了服飾、美妝等產品適合影響者行銷，服務性質的產業也可透過影響者行銷，減少消費者對服務的距離感與不信任感。

自媒體之所以能超越傳統媒體，除了突破傳統媒體壟斷的困境，更賦予每個人更大的創作權力。主流媒體會攻占100萬人的眼球，但自媒體能擄獲一個人的心。尤其當預算縮減與數位浪潮來襲，企業逐漸將傳統公關媒體的實體活動轉往社群網路的線上操作，隨著數位行銷的市場趨勢，品牌更加注重訊息的擴散力與延續性。不管是操作廣告、經營粉專，甚至透過聊天機器人等互動功能，目的都在提供客戶更好的體驗或服務，也驗證了社群對於降低行銷成本、觸及海外買家與分眾消費族群的助力。

9.3 網紅與微型影響力

【網紅與直播】

網紅崛起可以回溯到早期的部落格寫手、YouTube影音內容創作者

到現今最熱門的IG紅人。YouTube在2007年推出影音廣告分成計畫，45%的收入歸YouTube平臺所有，55%收入歸內容平臺創作者所有，此舉激發了許多內容創作者在平臺上發布內容，網路紅人大量湧現，成為2015年異軍突起的關鍵字，網紅經濟的規模也逐漸擴大（凱絡媒體週報，No.984.02，2019）。隨著社群媒體與直播技術發展，網紅經濟日益興盛，素人憑藉個人魅力和創意，在網路上發布具有特色的內容，快速累積粉絲數，吸引消費者注意，也吸納了廣告主的行銷預算。網路紅人在各種社群媒體上擁有廣大的追隨者（follower）或粉絲（fans），廠商可善用網紅的名氣與其合作，讓他們主動在自己的社群或影音平臺上為品牌傳遞價值與信念，推銷產品，透過文案、照片、實際使用推薦等口碑行銷，對這些追隨者產生購買欲望的影響力。

網紅、直播這兩個名詞，近年快速竄紅，「網紅」一詞即是「網路紅人」的簡稱，是從中國大陸流行到臺灣的詞彙。若仔細觀察，多數的網紅都會有自己專攻的目標族群，例如：提供親民的英語影音教學、能引起上班族共鳴的影片等，除了在影音網站上發布作品、吸引觀眾成為粉絲，「直播」在臺灣也成為網紅與粉絲互動的常見模式。而網紅的盈利來源，較常見是與廠商合作，在視頻中做產品置入行銷、或撰寫產品業配文，獲取廣告收入。隨著直播風潮在全球擴散，Facebook也全面開放個人帳號使用直播功能，直播串流到Facebook粉絲專頁的頁面上，幾乎相當於網紅的個人電視臺，但與傳統電視不同，在網路平臺直播，能達到與觀眾雙向即時互動的效果。

Instagram則是專為行動裝置設計的平臺，Instagram以相片動態為出發點，現在已是臺灣年輕族群分享酷炫照片的首選社群。2015年Instagram對全球開放廣告功能，2016年影片長度限制從15秒延長到60秒，Hashtag近乎無所不在，逐漸為「微網紅（micro influencer）行銷」打開新局。其中在2016年8月推出的限時動態功能，是網紅喜愛的功能。使用者在發布照片或影片後，內容會在24小時後自動消失，目前每日限時動態活躍用戶已達到上億，對網紅而言，在Facebook上直播可以達

到互動的效果，在Instagram發布限時動態則能進一步增加曝光度，讓粉絲的黏著度提升。社群網站平臺以往大多是文字發文、好友留言達到互動，在多名網紅出道後，行銷模式也不斷增加，包括在視頻網站（例如：YouTube）發布影片培養粉絲，與廠商合作獲取廣告費，或是在直播平臺上發展，接受粉絲送禮（斗內，Donate），並與平臺分潤，雖然每位網紅、直播主活躍時間的長短不同，但「網紅、直播」這兩個詞彙，確實已成為未來行銷策略的新趨勢，可以說YouTube激勵了大批創作者，IG則開啟微網紅的新局（翁祥維，2018）。

【微網紅影響力】

相較於過去將行銷主力放在明星和名人，以及百萬粉絲的名人或巨星帳號，歐美近來開始關注粉絲數較少，但卻在分眾族群中具有更高影響力的「微網紅」（micro influencer）。微網紅的觸及率雖然較低，但他們的角色和消費者更親密，說的話也更有說服力。在2015年時，微網紅還處於行銷的配角地位，到了2018年，其互動率和轉換率都大大提升。根據eMarketer的研究資料，歐美將美妝、時尚及精品市場具有影響力的名人，按社群粉絲數量分成四群：明星與名人（celebrity）的粉絲數大於150萬、超級網紅（mega influencer）的粉絲數介於50.1萬到150萬之間、中型網紅（macro influencer）的粉絲數則是10.1萬到50萬左右、微型網紅（micro influencer）的粉絲數則是1-10萬。研究發現當粉絲數超過10萬後，互動情況就會趨緩，有些明星、藝人的超級帳號互動數甚至會更低（高家華，2019）。

由於一般大眾並不如想像中的那樣熱衷與名人互動，反而較樂於親近在生活中有連結的對象，因此當粉絲數超過10萬，互動反而趨緩。eMarketer的調查也指出，在歐美美妝、時尚、精品產業，45.8%行銷人員認為和微網紅的合作成效最好，中型網紅居次，反而粉絲數超過50萬的超級網紅效果並不出色。相對於超級網紅和中型網紅，微網紅更像是

消費者認識的朋友，沒有商業氣息過重的業配文，能對各項產品提出中肯的評比，尤其在個別擅長的分眾領域，更能提出深入或專業的見解，或是提供最新的第一手資訊，因此粉絲數在10萬以下的微網紅較易拉近品牌與消費者之間的距離。同時微網紅也較有助於品牌和消費者建立長期關係，而非只是一次性的行銷活動。尤其對於B2C品牌來說，微網紅因其發布內容對消費者來說更為真實，容易引起消費者的注意，更有機會創造粉絲互動，同時吸引並且引導周遭朋友或粉絲購買產品，發揮導購的效果。

　　至於如何找到適合的網紅或影響者，以下有六個步驟：一、確認目標：找出一個適合此次行銷的網路平臺。二、所需特質：定義所需的影響者特質，包括具有一定的粉絲人數、粉絲必須是潛在客戶、網紅的網站資訊是真實的、活躍在社群媒體上、文章與風格調性和品牌形象能相輔相成。三、篩選影響者：尋找具有潛力的影響者，包括搜尋與品牌相關的主題標籤，以及尋求推薦。四、接觸影響者。五、提供獎勵：例如：增加網站的曝光度和觀眾、藉由行銷塑造新形象、得到額外的福利（折扣、試用品等）、金錢報酬，以及新鮮的旅行或活動體驗等。六、成效評估：例如：品牌要找到適合的微網紅，首先應在社群媒體尋找自己品牌的愛好者，哪些人已經和品牌建立一定的連結，並對於品牌故事感興趣？下一步再透過貼文互動和這些人強化關係，品牌可以關注他們的帳號、為他們的內容按讚，當這些微網紅收到直接來自品牌的訊息，有助於讓他們在行銷活動期間進一步為品牌發聲。

　　另外，品牌和微網紅合作的方式，最基本的是廣發產品讓網紅試用評鑑，在個人的社群帳號發布照片、影音或文章，品牌透過主題hashtag分享到官方帳號，讓粉絲可以持續追蹤相關內容。名人和超級網紅的品牌合作行之有年，有一定優勢，例如：觸及廣、知名度高、個人形象鮮明，產出內容和合作模式的專業度也高，且較容易追蹤成效；但是當粉絲數超過一定量，互動率反而不如微網紅，且內容普遍被當成業配文，成效反而容易打折扣。微網紅在粉絲數較少的情況下，影響範

圍可能僅限小眾市場，且微網紅多數不具有專業操作與攝影團隊，內容品質可能較不穩定。不過，微網紅雖然粉絲數少但互動率高，透過多種類型的網紅搭配組合，可以名人及微網紅合作同時並行，能夠在提高ROI的同時降低整體行銷支出，創造最好的成效（高家華，2019）。

9.4 影響力操作與評估

【網紅篩選指標】

　　隨著影音時代及網路平臺的崛起，善用影響者的傳播力，掌控議題與維持話題熱度，是品牌投入社群平臺的初衷與期待。然而企業要如何找到適合的網紅為品牌發聲，其挑選的標準為何？亞洲指標數位行銷顧問公司的創辦人黎榮章建構了一套「亞洲影響者評估系統」（簡稱AIE評分，Asia Influencer Evaluation），其中網紅篩選的指標最常見的是粉絲數、發文數、平均互動率、按讚數、留言數、分享數、總觀看數等。但最重要的指標是網紅的「影響廣度」、「互動參與度」與「內容關聯度」。其中內容關聯度，可用發文內容與領域熱詞進行比對，如果發文內容跟領域熱詞都比對到，那就是與此領域有高關聯度的人，同時比對詞也會隨著產業的變化進行更新。另外，對於高涉入度的產品，會先請專業的網紅先進行開箱，了解產品資訊、如何使用與優點，接著會請有興趣的人加入成立的line@或私人群組，網紅再針對這些有興趣的人做互動，提供更仔細的介紹與說明。此外，市面上第三方的KOL媒合平臺為了讓品牌商可更快速、有效管理監測網紅的成效，每個平臺都有各自篩選的條件方式，品牌可依照不同的需求，挑選合適的平臺使用。例如：「麥當勞」希望鎖定「年輕族群」宣傳限定套餐，因調查顯示16-35歲臺灣遊戲玩家占整體80%，故可選擇「遊戲類KOL」合作，在社群上進行宣傳，提升銷售。奶粉廠商希望提升產品的線上銷售，就

可攜手親子型的KOL合作，除分享產品外，並可帶入導購連結，吸引買氣。又如「foodpanda」為擴大接觸對「美食有興趣的女性族群」，可積極攜手「娛樂／音樂／遊戲」等不同類型的KOL，藉此吸引美食以外的目標族群。

【發布管道與議題操作】

品牌商與網紅合作主要目的有三：1.擴大能見度：將產品自然露出，達到產品曝光效果。2.增加信任感：透過KOL親身體驗、開箱，完整介紹產品特色，可加速消費者對產品的認知與信任。3.提升銷售量：可搭配KOL專屬連結或優惠碼，號召粉絲購買，追蹤轉換效益。要達到以上目的，在發布管道的選擇上也要運用社群平臺、影音平臺、部落格等多平臺發聲，極大化綜效。不過各種平臺的功能與特性不同，適合行銷目標也有差別：1.社群平臺：互動高、易分享，適用於各種行銷目標（曝光／開箱／導購）。同時可搭配抽獎活動，進而達到產品曝光的效果。2.影音平臺：觀看影片目的明確，搭配有趣的影片內容，可降低業配感，提升影片互動。同時，影片可保留在平臺中，有利消費者尋找，累積觀看數。3.部落格：有機會提升SEO搜尋結果，完整教學文、分享文，提升消費者對品牌或產品的信任度。同時較無時效性，不像社群平臺容易被洗版，可長期保留於網路上，長期優化（凱絡媒體週報，No.1067，2020）。

至於商業議題如何透過網紅進行擴散操作，有效整合線上online與線下offline的報導，或與主流媒體連結？黎榮章說明有兩大路徑：第一是公關路徑，網紅或意見領袖（KOL）會依循公關策略來操作議題，並請線上記者進行傳播；第二則是爆文路徑，想辦法找到題材與切入點，在PTT與各大論壇版形成熱門文章，帶動討論及輿論風潮，吸引記者報導。同時KOL有許多追隨者也是KOL，藉由KOL的再擴散，追隨者可能會引用文章，而追隨者本身又是KOL，會再次形成往外擴散的

效益，也就是口碑媒體（earned media）的效果。對客戶來說是賺到更多媒體聲量，對網紅來說，是相同主題告知自己的粉絲，有更多KOL看到後，再進行轉發、再引用，反而有更強的傳播擴散效力。

【影響力成效評估】

運用網紅影響力進行議題操作或話題行銷，其操作後的成效又如何評估？亞洲指標公司指出，成效評估指標可包括互動率、觸及率、接觸率、覆蓋率；FB的分享、留言、按讚數；IG的傳送、收藏、留言、愛心、或限時動態等；YouTube的點閱、按讚與官網連結度等傳播效益。此外，早期社群貼文對品牌來說，是建立形象的工具，後來Instagram推出新功能，讓廣告主在貼文、限時動態置入產品標籤，讓消費者輕鬆找到產品名稱、價格，甚至購買連結，也強化了貼文的導購功能（凱絡媒體週報，No.1009，2019）。因此，社群導購—專屬連結也是重要的成效指標。以IG限時動態為例，多少人看限時動態、多少人透過限時動態往上滑，連結到外部網站／下單頁面／特製一頁式網站來追蹤路徑，追蹤KOL導流有多少人、實際成交有多少人，可看出其轉換率。就傳播效益而言，有時是注重傳播媒體的曝光效果、有時是以商業導購為目的，目標不同、方向不同，需視傳播目的進行規劃。

根據2019年尼爾森調查臺灣用戶的社群習慣發現，電商使用率在2018年已達64%，半數受訪者指出，Facebook和Instagram上的影音廣告有助提高他們的購買意願；20%的消費者常把LINE作為購物平臺，而分別有6%、2.6%的消費者會時常用Facebook、Instagram作為購物管道。此外，曾在社群上收看產品直播的消費者高達52.3%（凱絡媒體週報，No.1009，2019）。因此，社群導購的電子商務，為了有效幫助品牌銷售，可運用1.產品標註：在Instagram的照片中增設產品標籤，讓網購功能融入社群內容中，滑Instagram等於滑網購，利用標籤進入商品官網。再透過對話的形式，協助用戶深入了解產品、購買流程和方法，

再導流至符合顧客需要的商品官網，打造個人化消費體驗。2.導購平臺：LINE積極與臺灣各電商平臺合作，運用導購模式讓LINE購物匯聚豐富產品品項，從LINE購物進入各大電商平臺。3.直播購物：在直播節目上展示商品做限時活動，提供觀眾留言互動，直播創造的龐大商機不僅僅是一種媒體形式，更是電視直播和電子商務的混血平臺。FB直播秀把購物臺模式搬到社群，結合娛樂節目和電視購物，把網紅經濟、電商、電視購物、影音平臺等服務整合在一起，既是休閒娛樂又有購物樂趣，同時增加節目豐富度以吸引不同族群的觀眾。消費者認為現場直播沒有後製修片，開直播展示商品，是最真實的產品露出平臺，比看照片更精準，較能吸引顧客認同，更容易下單購買。同時透過即時測試顧客反應，觀眾可留言提供反饋，賣家也能即時回覆，例如：即時調整出能符合消費者期望的行銷方案，來刺激購買欲望，提高購買意願。

【結語】

　　過去企業挑選廣告代言人，代言人必須要配合廠商需求，表現產品。網紅的角色則有別於廣告代言人的操作，不能用品牌訴求去框架網紅表現，而是要用品牌適合的型態去符合網紅的風格。網紅的角色經常是以獨特的內容與風格，對消費者產生影響力，以精彩、有趣或實用的社群貼文和美照，發揮其導購力，媒體也致力優化平臺功能，縮短社群上消費者從發現商品到購買的距離。例如：品牌Calvin Klein就積極和IG網紅合作，該品牌在Instagram的產品貼文非常貼近生活，模糊了商品廣告與普通貼文的界線，並以產品標籤提供產品訊息，促進購買。建議品牌商與網紅合作上，儘量給予最大的空間，支持他們的創作方向，畢竟網紅本身往往最了解觀眾喜歡看的是什麼，如此一來，才能做出觀眾喜歡的內容，讓粉絲想看、有感的作品。而品牌商希望藉由KOL的影響力，在網路上快速曝光，並創造產品的討論聲量，同時提升消費者對於產品的認同與信任感的目的也才能奏效。

網紅行銷是近幾年最具話題的行銷趨勢，品牌如何與網紅合作成為重要課題。品牌透過網紅最主要的目的，還是希望可以藉由網紅的影響力與「對的人溝通」，也就是說，並不是粉絲數愈多或自己認識的網紅就愈好，而是應該針對品牌目標受眾可能會喜歡的人選進行合作。透過數據分析與第三方平臺的輔助，除了參考粉絲數外，包含按讚、分享、留言、觀看、追蹤數、粉絲樣貌、作品屬性等數據，或是搭配市調了解消費者真實感興趣的內容，都能夠幫助行銷人員更快速挑選合作人選與擬定專案內容，不僅達到品牌的行銷目的外，更能透過網紅的影響力，為品牌創造更有感的行銷話題。

　　因此，客戶端也應調整心態，將社群平臺的投入，視為品牌必要的「溝通成本」，而不是「廣告成本」，切勿一味追求立即的效果表現。客戶的內容傳播應屏除過去從品牌訴求作為出發點，或是過度商業化的傳播語言，改以消費者的語言去傳散。內容形式可多採用影片呈現，以帶來更多自然觸擊，或是多創造引發互動的活動機制，同時能邀請網紅或是名人參與或分享，增加社群影響力。

Chapter 10

體驗行銷

學習目標

1. 何謂體驗行銷。

2. 品牌故事與五感體驗。

3. 數位體驗與虛實整合互動。

4. 事件行銷與活動管理。

10.1 何謂體驗行銷

行銷顯學的「體驗行銷」一詞，最早由哥倫比亞著名商學教授Bernd Schmitt提出，他在1999年提出「體驗行銷」，將各種有關消費者體驗的產品與行銷活動所運用的方法、概念及傳遞訊息之媒介做一統整，進而建立起體驗行銷的架構。傳統行銷著重於產品的功能與效用，也將消費者視為理性的決策者，也就是說消費者在選購產品前，會經過一連串的理性思考，最後才會選擇實際消費。然而體驗行銷的出現，對消費者而言，消費者不再是憑空想像產品，而是能透過實際體驗將感受的過程納入其消費考量，消費者也不只是被動接收廣告訊息，而是在有意、無意的體驗過程中，感受商品、享受商品，進而被整個情境所吸引，心滿意足的完成消費的最後一哩路，不僅可以讓企業建立更深厚的品牌形象、建立更穩固的品牌信任，也能創造更有價值的行銷（Schmitt, 1999）。

簡單來說，「體驗行銷」就是創造一種身歷其境的體驗過程，講究與商品品牌的互動，是企業經營與消費者互動之下被創造出來的理念與趨勢。從企業的角度來看，所謂的體驗就是企業應當以服務為舞臺、以商品作為道具，圍繞著消費者，創造出令消費者難忘、值得回憶的活動。同時體驗不僅是指娛樂，而是泛指消費者經由消費過程所產生的印象及感受（Pine and Gilmore, 1998）。換句話說，體驗行銷即是一種為客戶和潛在客戶提供面對面體驗的策略，這些體驗獨特而富有吸引力。由於這種互動元素，它也被稱為「參與行銷」或「互動行銷」，「體驗行銷」策略可以建立品牌與消費者之間的關係，帶來難忘的體驗。

Pine與Gilmore（1998）以顧客參與形式，將體驗分成主動參與及被動參與。被動參與，意味著顧客並不直接參與體驗演出；主動參與意味著顧客能參與體驗演出，透過體驗經驗吸引顧客注意力，甚至讓顧客完全變成體驗的一部分。體驗行銷是企業品牌的宣傳與公關活動中常用的一種形式，最簡單的方式就是辦一場roadshow，請來幾位show girl在現場招攬群眾，再提供產品試喝、試吃、試用。最有效的應該就是在百

貨商場中試吃的逛街群眾，在正確的時間遞上一小塊炸雞塊或是牛排，幾乎是人人樂意接受的一種手法，過去多半消費者的體驗印象就是像大賣場的試吃、或是在街頭發送體驗產品，藉由企業品牌與目標族群的直接對話，體驗試用或提供更多資訊來博取消費者的信任與青睞。

　　2015年American Tourister的行李箱廣告，則是讓顧客完全變成體驗的一部分。為了測試這個行李箱有多麼堅固？體驗活動構思了「讓你踢一腳，你就知道它有多堅固」的踢箱之旅活動（The Kick-Bag Journey）。由三位工作人員，帶著一只桃紅色的行李箱上山下海，行經泰國70個城市，隨機尋找路人來踢飛它。從影片中可以看到，一群小朋友發瘋似地狂踹行李箱，足球選手用盡全力踢出致命一擊，就連泰國象也來參一咖。雖然The Kick-Bag Journey最後呈現的結果是一支廣告影片，但它和傳統廣告影片不同的是，這支影片的背後是建立在民眾的參與上，讓消費者參與其中，將行銷活動轉換成社會實驗，讓消費者主動參與踢箱之旅的整個過程，其在社群媒體產生的話題與討論聲量，形成極佳的口碑效益，也提升了產品的知名度與好感度。

　　能讓消費者印象深刻的體驗感受，企業必須搭配主題給予適切的體驗設計過程，重視給消費者的感官刺激，當一種體驗愈是充滿感覺，就愈值得記憶及回憶，能讓消費者感受到產品本身的價值並因而認同該企業，產生喜好與忠誠度，最後願意支付報酬消費該企業的產品，才能成為成功的體驗行銷（黃聖潔，2018）。

10.2 品牌故事與五感體驗

　　Schmitt提出「體驗行銷」一詞，包含感官、情感、思考、行動、關聯等五大元素構成，同時提出體驗行銷的策略基礎 —— 策略體驗模組（strategic experiential modules, SEM），包含知覺體驗（感官）、情感體驗（情感）、創造性認識體驗（思考）、身體與整體生活型態

體驗（行動）、特定一群人或是文化相關的社會識別體驗（關聯）
（Schmitt, 1999），如表10.1說明。

表10.1　五感元素與策略體驗模組

五感元素	策略體驗	目標與方式
感官（sense）	知覺體驗	目標是創造知覺體驗的感覺，透過視覺、聽覺、嗅覺、味覺及觸覺等進行五感布局，植入具有記憶點的品牌印象，成為創造優質消費者歷程重要的一部分，引發顧客動機，增加對企業品牌與產品的利益價值，達成行銷的目的。
情感（feel）	情感體驗	主要訴求顧客內在的情感及情緒，透過觸發消費者的情緒及感受，溝通品牌訊息，進而建構消費者對品牌的歸屬感。目標是創造情感體驗。
思考（think）	創造性認識體驗	目標是藉由創意的方式，吸引消費者的興趣與關注，透過「設計」，激發消費者思考、發想，創造顧客認知與解決問題的體驗，並引發消費者的進一步搜尋與思考。
行動（act）	身體與生活型態體驗	目標是影響身體的有形體驗，重點在於進一步引發消費者與品牌相關的一切元素進行互動，將品牌化為一種令人憧憬的生活態度，藉由消費者的親身體驗與互動，來改變消費者的生活型態，並豐富顧客的生活。
關聯（relate）	文化社會識別體驗	包括感官、情感、思考與行動等層面，主要是讓個人與他人或社會文化產生關聯。透過引發消費者對於人我關係乃至社會議題的共鳴，讓品牌訊息潛移默化地深植人心。這是五大元素中門檻最高，但卻能創造相當影響力的重要元素。

資料來源：本書整理自Schmitt（1999）；王育英、梁曉鶯譯（2000）；凱絡媒體週報（2020）。

Schmitt（1999）認爲在創造感官、情感、思考、行動或關聯的行銷方案時，用於執行面的七種「體驗媒介」是重要的戰術執行組合，它們包括溝通、口語與視覺識別、產品呈現、共同建立品牌、空間環境、網站與電子媒體、人員，說明如表10.2。

表10.2　體驗行銷的七種體驗媒介

體驗媒介種類	形式
溝通 （communication）	廣告、公司外部與內部溝通（如雜誌型錄、廣告目錄、小冊子與新聞稿、年報等）、品牌化的公共關係活動案等。
口語與視覺識別 （verbal identity and signage）	品牌名稱、商標與企業識別系統等。
產品呈現 （product presence）	產品設計、包裝、品牌吉祥物等。
共同建立品牌 （co-branding）	事件行銷與贊助、同盟合作、授權使用在電影中，以及合作活動案等。
空間環境 （spatial environment）	建築物、辦公室、工廠空間、零售與公共空間，以及商展攤位。
網站與電子媒介 （web site & environment）	網站、電子布告欄、線上聊天室等。
人員 （people）	銷售人員、公司代表、客服人員，以及任何與公司或品牌連結的人。

資料來源：Schmitt（1999）；王育英、梁曉鶯譯（2000）。

綜合上述學者觀點，消費者其實最在乎的便是消費過程的感覺及經驗，如何成爲一個具有意義的經驗，便是倚靠這些消費過程的感受。服務無形，但產品有形，因此，當企業以服務爲舞臺，以商品爲道具，讓消費者融入該情境中，甚至給予消費者不同的幻想，此時「體驗」就出現了（江雅雯，2018）。商品消費從今而後不能只是販賣商品實體

而已，而是要把鎂光燈轉到「提供商品與服務的過程」。換言之，購買的人，不只是想「買東西」而已，他們想要「買個感覺」、「買個故事」，甚至「買個認同感」（孫瑞穗，2013）。因此，愈來愈多的企業品牌為使用者精心營造身歷其境的產品體驗氛圍，讓消費者產生獨特感受，引導他們參與其中，藉此將服務轉化為令使用者聚焦並產生深刻難忘的體驗，開啟產品與使用者之間的互動，強化品牌與消費者關係。為了讓品牌印象深植人心，體驗行銷必須是有主題的、有感官刺激的，才能在消費者腦海中留下美好的記憶。因此，體驗行銷人員應利用多元的手法來進行行銷工作，讓整個消費過程能連結成一個完整的經驗。

10.3 數位體驗與虛實整合互動

【親身參與體驗】

在資訊爆炸的年代，消費者變得愈來愈精明，傳統的廣告能夠影響的層面也愈來愈有限；前面章節裡提到，體驗分成主動參與及被動參與，以操作體驗行銷的形式討論，體驗可分為「親身參與體驗」及「經由別人的體驗感受來認同」兩種形式（Yahoo TV, 2017）。第一種「親身參與體驗」是屬於較傳統的體驗行銷，行銷活動目的不只是銷售產品，更重要的是創造體驗感受，讓消費者親身經歷。為了使目標族群實際感受商品魅力，便會規劃一連串的使用情境，提升品牌的自身價值。例如：IKEA的品牌溝通活動就將「體驗行銷」發揮極致，IKEA根據不同的國家風土民情，採取入境隨俗的方式來營造消費者的好感度及購買意願。2015年IKEA在俄羅斯的莫斯科和聖彼得堡推出「Instead of cafe」活動，精心布置了10間風格各具特色的廚房，開放消費者預約使用。不同於在IKEA店內逛街購物，藉由實際在店內用餐，真實感受居家氛圍，消費者可以在現場實際體驗IKEA產品，且和家人朋友在IKEA

形塑的用餐環境中共食，如此特別的用餐體驗，讓消費者樂於在社群網站上分享，不僅爲IKEA創造口碑，也增加銷售的機會（凱絡媒體週報，No.843，2016）。

又如日本東京的蔦屋書店，該書店不只賣書，還結合了電影、音樂銷售租借，並發展延伸融合了咖啡廳、餐廳和生活雜貨等店鋪的綜合商城。蔦屋書店在設計上秉持以「人」爲本，每間店鋪的銜接，都是一個以書店爲延展的結構，讓每間商店之間沒有間隔，所有書本都可作爲讀者在咖啡店或餐廳中的讀物。蔦屋書店的設計用意，就是希望讓讀者體會閱讀彷彿「在自家書房中一樣安逸」。蔦屋書店希望成爲人們的一種生活方式，書店就曾經與知名的民宿網Airbnb合作，邀請客人免費在蔦屋書店中住一晚。旅客不僅可以在書店附設的餐廳中用餐，更可以在打烊之後，悠閒地在書架中閱讀、遊覽，最後在書海中入眠（凱絡媒體週報，No.843，2016）。

【數位互動與想像體驗】

此外，在網路、社群媒體活躍的數位環境，數位體驗雖然較難透過親身接觸與消費者互動，但是透過移情作用，也就是第二種方式，經由「別人的體驗感受來認同」成了體驗行銷另一個重要範疇。從2016年開始，臉書Facebook這個全球最大的社群平臺開啟了直播功能，夾帶著好友最快聚集的優勢，瞬間成爲最多人直播的使用平臺。由於不需額外安裝直播專用軟體，就能馬上啟動直播功能，簡單易用，一時興起人人都是SNG車的盛況。

在每天成千上百的社群媒體直播影片中，商品在名人或是網路紅人（簡稱網紅）的親自示範、使用、品嚐後，深深的觸及每一位目標族群的情緒感受；除了因爲喜歡名人或網紅所產生的移情作用，進而喜歡名人或網紅推薦的商品，透過網紅或名人的影響力，直接對目標族群展現他們的「親身體驗」，對消費者來說自然更具說服力，即使沒有親自使

用過商品，但透過名人或網紅使用的心得來作爲自己消費決策的參考，等於讓網紅、名人們將他們的體驗傳達給消費者，透過情緒的認同建立體驗的價值，無形中也成就了更多消費者的「想像體驗」，同時也透過消費者的留言、分享、按讚等方式產生即時的互動感，使企業品牌在臉書直播過程中，能得到目標族群最直接的反應和回饋。這類虛擬平臺上的數位體驗，主要建立在「經由別人的體驗感受來認同」，透過偶像的分享與介紹，讓許多原本對於消費者相當陌生的「商品」，展現了最親和的一面，消費者不用接觸實體商品，透過網路媒體科技的應用，也能夠有如親臨現場般的感動。從國宅開箱到日常美食分享都是數位體驗行銷的一環，也帶動了網紅經濟的盛行。

　　例如：2017年相當盛行的直播投票，可以透過各種事前規劃的畫面特效、字幕導入，使消費者更能融入其中，直播活動在進行時，除了現場直播的名人或品牌方等，公關人員也必須系統化地配合，面對消費者的意見，要有專人負責提醒現場直播的名人或品牌方回應互動。有些時候，消費者的提問就是最佳的互動，直接針對消費者的產品疑問，給予回應或是現場操作示範，如此可省去將產品直接寄送給消費者試用或是規劃線下實體活動，也能衍生出體驗行銷的效益。另外，電商和直播的結合，運用影音形式來介紹商品，讓過去以圖文爲主的電商銷售型錄也需要跟著改變。傳統的買家可能要瀏覽兩、三百個網頁才能下單購買，但是直播就像店員與你面對面，引導購買的方式不同，購買的效率也因此提高。企業客戶也開始重視與電商平臺的合作，愈早開始建立自己的學習體驗，愈早可以產出經濟效益（林友琴，2016）。

【科技互動的虛實整合體驗】

　　內容行銷與廣告最大的不同是提供對消費者有意義的訊息，透過數據分析，可以針對個別消費者打造個人化的內容，進行一對一而非一對多的溝通。隨著科技、數據及雲端技術的發展，造就了新的消費轉型，

以消費者為核心，品牌方企圖整合線上與線下，要在全通路中接觸消費者，結合電商、店鋪和物流，串聯線上和線下的各種數據，精準掌握消費者的喜好和動態，讓消費者無論在線上或線下都擁有一致的購物體驗。同時，當消費者無時無刻都在觀看資訊、出沒在數個通路當中時，消費者的機動性比以往更高，顧客體驗路徑可能更加迂迴，接觸點組合更加多元，品牌可借助新科技引起消費者的好奇心，開發更具互動性與娛樂性的新內容形式，豐富體驗感受。

　　網路購物雖然方便，終究無法真實觸摸，於是電商網站藉由實體店，讓消費者直接體驗電商的產品和服務，補足連結消費者的最後一哩路。Amazon網站就從線上延伸到線下，在西雅圖大學城開設了第一家實體書店Amazon Books，將以數據為中心的線上銷售方式搬至實體書店中，除了販售書籍外，同時也陳列Amazon自家品牌的3C商品，如Kindle、Echo、Fire TV等供消費者現場試用。消費者認為在Amazon Books購書能夠得到「立即的滿足」，實體店在滿足讀者淘書樂趣的同時，也能夠增加銷售機會。

　　中國兩大電商網站淘寶和京東也進行了線上和線下的整合，淘寶在廣州開設首家「淘寶體驗廳」，提供免費Wi-Fi、淘寶產品及行動支付等一系列體驗，消費者可以透過店內Wi-Fi下單網購，但無法直接把商品帶回家，淘寶體驗廳提供的更多是淘寶服務的體驗而非銷售。Burberry是最早使用社群媒體及率先使用串流直播時尚秀的品牌，向來是時尚品牌中的科技先驅者。作為擁有百年歷史的精品商，Burberry卻清楚認知數位的影響力，知道網路廣告和品牌網站將愈來愈重要；同時，Burberry也著手改善實體店的購物體驗，希望將數位科技與實體世界完全融合。Burberry「未來商店」中的消費者還能夠隨時感知到店外天氣的變化，當店外下雨時，店內22英尺高的大螢幕和四周100個小螢幕也會跟著下起雨來，同時500個喇叭播放雨聲，帶給消費者截然不同的消費體驗，讓購物充滿趣味（凱絡媒體週報，No.843，2016）。

　　又如，漢堡王則是運用科技創新整合線上與線下活動。為鼓勵消費

者下載新版APP，推出行銷活動，只要消費者來到距離全美1萬4000多家麥當勞180公尺左右以內的地方，就會收到APP推播華堡優惠券，並且引導消費者到最近的漢堡王門市，以一分錢兌換漢堡，每位消費者限取一次。活動推出當週，漢堡王APP就獲得超過百萬次下載。漢堡王的案例透過APP蒐集消費者的行為資料，讓優惠更加個人化、貼近消費者的生活，例如：週間向上班族推播咖啡優惠、週五向消費者送出套餐優惠。此外，根據消費者的所在位置可以推送當地的活動訊息，根據優惠券的兌換紀錄可以找到用餐偏好……，從過去的「商品經營」理念，轉向「數據行銷」邏輯（數位時代，No.320，2021）。

面對電商大舉壓境，實體通路和零售業者也更重視消費者體驗，現在有愈來愈多的消費者對「體驗忠誠」，而非對「品牌忠誠」。因此，實體店面也發揮所長，善加利用電商無法取代的現場體驗，將實體店面的感官體驗與數位互動科技整合，不僅是迎合數位時代消費者行為的改變，也透過科技互動，帶給消費者難忘的體驗。例如：話題性十足的創意策展快閃店，是品牌與消費者互動並直接銷售的好方式，亦是新品牌測試市場水溫的方法。THE NORTH FACE在2015年於韓國市區的LOTTE WORLD MALL購物中心，設立一個快閃店，打著可以用VR體驗南極的冰雪世界，還有體驗狗拉雪橇的快感。有近10隻左右的狗狗，拉動著雪橇帶你環繞購物中心一圈，而且在快到終點時，還有免費的THE NORTH FACE外套禮物給你拿，無論是誰都會是一個難忘的經驗。讓實體店成為娛樂焦點，不只銷售商品，也讓實體店面成為一個具有吸引力的娛樂好地方。

又如虛擬試衣間的推出，為了節省消費者試衣的時間，世界各地愈來愈多百貨公司推出虛擬試衣間，讓試衣穿搭變得方便且有趣，也能降低店面庫存壓力，同時讓消費者擁有不同的趣味體驗，提升消費者再訪頻率。例如：臺灣的遠東百貨在2013年便引進虛擬試衣間，以AR擴增實境技術，提升民眾的消費體驗，消費者只需要站在螢幕前，選擇感興趣的服裝和飾品，便能進行各種穿搭搭配，而不必實際穿穿脫脫，簡單

就能夠更改顏色和尺寸。遠東百貨2015年更進一步推出結合VR虛擬實境的「3D虛擬魔法試衣間」，除了透過AR穿搭服裝外，還能模擬在工作、旅行等不同場景的搭配樣貌。

2013年12月加拿大West Jet航空公司用一份驚喜，讓消費者獲得無比的溫暖和感動。West Jet航空在聖誕夜運用候機室，以West Jet幫你實現所有願望，讓West Jet的乘客可以對虛擬互動螢幕上的聖誕老公公許願，說出他想要的聖誕禮物。在該班機抵達旅客目的地之後，禮物早已一份一份包裝好，貼上旅客的姓名，跟著行李從輸送帶被運送出來。這其實是飛航終點另一頭的員工犧牲假期，在飛機飛行時，分工合作，費盡心思的採購安排。該活動在事前並未透過媒體宣傳或廣告，反而在現場帶給乘客更大的驚喜與感動，在顧客心中打造優質的品牌形象。同時透過網路影片即時分享，吸引大量潛在顧客的目光。

【小結】

從以上案例分享，總結來說，體驗行銷不再將消費者視為理性的決策者，消費者已經從根據需求或商品特質購買商品，轉移成透過有形、無形的體驗過程，去衡量自己與商品間的關係，因此能夠創造出更多銷售的可能。而當代消費者的媒體使用習慣愈來愈多元，線上與線下整合的體驗行銷缺一不可，重點是在實體與虛擬間巧妙運用體驗行銷的優勢，創造更多行銷的機會。

以消費者體驗為中心的行銷思維已非舊談，重視顧客體驗與消費歷程的「體驗行銷」逐步成為行銷界的顯學。過去大部分體驗行銷的相關討論，多套用在線下的行銷場域，但隨著O2O導流趨勢日益重要，體驗行銷正在打破傳統只發生在線下場域的限制，摸索溝通訊息的全新接觸點，進而優化消費者導流的過程，提高品牌行銷績效。根據凱絡媒體分析「體驗型消費者」發現，高度體驗型消費者對媒體的信任度最高，同時也最容易受到廣告影響。除此之外，觀察「體驗型消費者」的消費取

向，可見高度體驗型消費者偏好具設計感的產品、氛圍佳的場域消費，且重視產品帶來的感覺與氣氛；同時，他們更追求特定品牌，有較高的品牌認同。因此，無論在線上或線下場域，若要透過體驗行銷接觸這群消費者，針對高度體驗型消費者，透過廣告傳遞品牌訊息，是非常值得投資的接觸點。另外，在設計沉浸式消費體驗時，勢必得多花心思進行氛圍的鋪墊與五感設計，盡可能打造讓消費者可以融入與享受的消費氛圍。

10.4 事件行銷與活動管理

【事件行銷定義與類型】

根據柏斯汀（Boorstin）對假（擬）事件（pseudo-events）一詞的解釋，假事件是被刻意創造出來的事件，就像是真實發生的事件一樣，公關事件基本上是假事件，假事件的創造在於運用社會上關注的議題，吸引媒體報導，進而達到訊息擴散的目的。將「假事件」用「行銷傳播」方式加以擴散而達到行銷目的，就成為「事件行銷」。

通常創造「假事件」的方式是透過舉辦「活動」，只是這個活動必須成為會讓媒體報導的「事件」，而廣為人知。活動（event）與事件行銷（event marketing）看似相同，依主辦者角度切入進行定義，兩者有以下差別；活動（event）是主辦單位為滿足特殊需求所規劃的「非經常性舉辦」事件，異於該單位「例行性舉辦的事件」，而事件行銷（event marketing）則是主辦方藉由活動創造議題，使媒體與公眾注意某一社會性或商業性事件，增加販賣商品與服務的機會，達成行銷的目的，如商展、展會、記者會、論壇等即是常見的事件行銷。簡而言之，活動僅指稱事件本身，不具有特定目標的指向性，但事件行銷則明確指向為提升品牌形象或商品／服務銷售、販賣與推廣的各種活動。事件行

銷中藉以創造議題的活動種類繁多，表10.3列出幾種常見的形式。

表10.3 事件行銷與活動形式

活動形式	活動對象	活動內容	活動目的
記者會	媒體	發言人	宣布重大說明
成果／新產品發表會	政府相關單位及民間企業	演講＋展覽	大部分都是某項政策年度成果
消費者活動／VIP活動／節慶活動／路跑	消費者	人潮聚集之地，以明星、名人、model吸引消費者參與	大多在新產品上市時，讓消費者試用、體驗新產品
研討會／高峰論壇	對產品有興趣的消費者	議程	建立及維繫顧客關係
展覽行銷／參展	一般消費者或廠商	在展覽會場的展場布置＋消費者活動＋媒體聚會	新產品發表或者促銷

資料來源：本書整理。

　　既然要透過「事件」來達到行銷的目的，精心策劃的事件成為構思「事件行銷」最核心的關鍵，通常一個好的「事件」會符合以下幾個要素：1.社會上正流行的話題，利用熱門話題吸引媒體報導和引起關注。2.社會上持續關注的議題：例如：環保、樂活、健康、運動、防疫等主題。3.配合傳統節慶推出的相關活動，例如：廠商配合春節、中秋節、情人節、端午節等傳統節日所舉辦的儀式或活動。4.創造出奇致勝，引發討論的創意活動或媒體事件。例如：百貨公司週年慶或購物平臺的雙11活動，或是大甲鎮瀾宮的媽姐繞境進香，是臺灣每年重要的大事件，鎮瀾宮的進香活動每年固定舉辦，長久累積形成特定品牌，就可以週期性的舉辦，反而變成另一種本土的宗教節慶型活動。

　　傳播方式與環境的轉變，使事件行銷（event marketing）從僅由企

業／品牌單方面對消費者揭露資訊、創造議題，引發報導、吸引外界注意的單向傳播，演變為參與行銷（engagement marketing），再進化到體驗行銷（experiential marketing）。體驗行銷通常是一場精心規劃的品牌體驗活動，希望得到消費者回饋與創造情感黏著的雙向溝通，著重互動體驗設計，加深企業與消費者間的關係，讓消費者理解與認同企業／品牌核心價值。同時藉由線下活動深化參與者對於企業／品牌的正向情感連結，並經由線上社群擴散，引起話題討論，吸引群眾參與。一個優質的品牌體驗活動設計，除了可以讓參與者感到驚奇，產生正向情緒，更能有效將活動訴求與品牌核心精神強力連結，讓消費者在未來進行相關產品或服務選擇時，記得品牌，更清楚品牌特色。

表10.4　事件行銷、參與行銷與體驗行銷的比較

類型	事件行銷 event marketing	參與行銷 engagement marketing	體驗行銷 experiential marketing
溝通 模式	單向溝通	雙向溝通	雙向溝通
經驗 內容	與他人相同	50%一致、50%個人	獨立、個人化的
	所有參與者皆被動獲得相同參與經驗。	企業／品牌設計活動邀請參與者進行互動，互動內容與體驗大致相同。	為實體（線下）活動，而每位參與者所獲得的經驗皆不相同，並會產生更多的情感連結。
目的	企業官方資訊露出與公布。	藉由互動體驗，了解參與者反應與回饋。	著重互動體驗設計，加深企業與消費者間的關係，讓消費者理解與認同企業／品牌核心價值。
目標	創造議題，獲得媒體關注與討論。	藉由互動參與，提升品牌好感度與強化消費者關係。	藉由線下活動深化參與者對於企業／品牌的正向情感連結，並經由線上社群擴散，引起話題討論，吸引群眾參與。

資料來源：本書整理。

【事件與活動管理】

　　事件行銷的本質就是在創造新聞事件，所以雖然event一詞有人翻譯成「活動」，但「活動」一詞常常忽略了媒體曝光的重要性，所以把事件行銷當作新聞事件來看，強調了一個好的事件行銷，最重要的工作就是精心擘畫出的一個新聞事件。此外大多數的事件都會在實體場地，現場有人集結互動，所以品牌可以將想要傳達給顧客的體驗元素，設計與植入在場景內，讓參與其中的顧客沉浸在品牌氛圍中，除了能強化品牌印象，也加深品牌與顧客間的情感連結。進一步把事件或活動的基本元素拆解，可分為四大元素，主辦單位、場地／硬體布置、節目／事件與參與者。

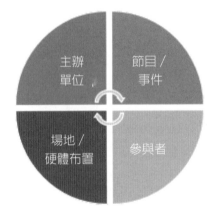

圖10.1　事件活動的基本元素

資料來源：智策慧品牌顧問公司提供。

1. **主辦單位**：在事件活動中，主辦單位是負責活動成敗最重要的單位，但主辦單位也是一個統稱，可能還包含了承辦單位、合辦單位、協辦單位、指導單位、委辦單位、贊助單位，這些不同單位是承辦單位的利害關係人，對活動有不同的期待與要求，所以統稱為「主辦單位」。主辦單位負責規劃、執行與控管活動，溝通協調主辦單位、合

作廠商、臨時人力，所以活動愈大，主辦單位的編制也愈大。

2. **場地／硬體布置**：場地選擇常常影響活動的成敗，所以根據活動選擇合宜的場地，是活動成功的第一步。一個好場地必須考慮成本、交通、可出借的時間、可以提供的設備、動線、座位形式等。通常選定的場地必須加上硬體布置之後，才能符合活動使用的需求，硬體布置包含背板／布條／接待區／舞臺、活動道具、燈光、音響、麥克風、筆電、投影設備、無線上網……。

3. **節目／事件**：節目是一個泛稱，指在有場地、硬體布置這些固定設備之外，在活動期間所有的表演節目，是現場參與者關注的焦點，有爆點儀式、表演活動、演講、頒獎、圓桌論壇，有主持人、司儀掌控流程的進行。

4. **參與者**：活動需要有人參與，這些不是主辦單位或參與節目表演的人，統稱為參與者。參與者的名稱可以是遊客、學員、參展商、現場來賓、媒體等。參與者的報名、入場報到、離場、問卷調查及現場的吃喝、停車，以及危機處理都可能需要安排。

　　事件行銷的本質是一個專案，從「專案」的觀點來看，有起始、有結案、有規劃、有執行，也需要掌控品質、時間和成本。要把事件行銷辦好，最好具備專案管理的基本訓練，做好合約、時間、成本、品質、溝通、採購、風險、人力與時間等管理。大型的活動事件通常會包含事前的醞釀、事中的舉辦與事後的擴散，傳播的工具也不限公關，可以透過數位、廣告、直效行銷、促銷等方式操作運用，所以大型事件活動可說是整合性的傳播行銷活動（IMC campaign）。

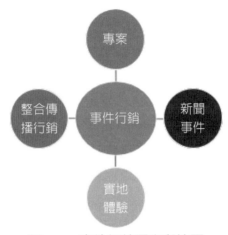

圖10.2 事件行銷面向与管理

資料來源：智策慧品牌顧問公司提供。

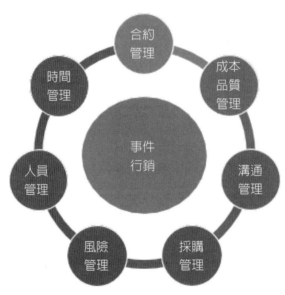

圖10.3 事件行銷成本與管理

資料來源：智策慧品牌顧問公司提供。

【從「事件行銷1.0」到「事件行銷2.0」】

事件行銷原本的操作方式是奠基於大眾傳播，由於大眾媒體的稀有性與守門人機制，所以事件必須透過媒體的篩選才有機會傳播。近20年來，數位的發展，造成自媒體與社群媒體的興起，自媒體與社群媒體沒有守門人機制，所以任何的事件都可以放在自媒體與社群媒體上加以擴散宣傳，事件的新聞性與意見領袖的代表性都會影響最後的成果。因此，臺灣國際公關協會提出「事件行銷2.0」的概念，其中具備兩個特色：

1. **議題不斷、聲量不墜**：以往的大眾媒體中，事件行銷1.0就像煙火一樣，雖然施放時絢爛輝煌，但過後一片黑暗死寂。但在事件行銷2.0中，透過自媒體與社群媒體的討論與擴散，就像添加木柴，加旺火勢，在網路監測的聲量中，可以持續很長一段時間。

2. **OMO長事件**：OMO是online merge offline。以往的事件活動或許需要很長的籌備時間，但在消費者看到時，卻可能是極短的瞬間。透過線上、線下的整合，參與者可以持續停留在活動中。

過去產品主導的年代，企業只要專注研發、製作、生產、物流配送等，只要產品做好，自然就有生意，不需要怕產品賣不出去，所以企業主只要將心力投注於改良產品，提升品質，並思考如何降低成本即可。但隨著時代演進，企業經營已從以往的「產品主導」（goods-dominant）轉變爲「顧客主導」（customer-dominant），品牌需滿足消費者心理及生理需求，才能黏住更多消費者。此外，現今消費者能快速使用手機、電腦在公開平臺或社群媒體撰寫評價、心得，甚至是發布影片分享使用感受，因此，品牌除了在乎商品品質，也必須注重顧客體驗回饋，否則就將有可能流失客群。不論是網路購物或實體消費，品牌不能只從單一層面設想客戶需求，應積極打破固有的思維模式，並依循消費者喜好，由認知分析，找到消費者的洞察力，由情感互動找到品牌故

事的共振效應，透過科技與設計的創意，開發更具娛樂與趣味性的內容與互動，藉由數位連結群體，建構接地氣，且能發揮影響力的體驗意義，豐富個人與群體的體驗感受。

Chapter
11

傳播媒體企劃應用

學習目標

1. 了解傳播媒體企劃要素。

2. 了解傳播媒體企劃擬定架構。

3. 了解傳播媒體企劃的核心思考。

● 11.1 傳播媒體企劃的重要性

　　品牌傳播的重要，在於有效地跟消費者持續溝通，以期累積品牌價值。同時也協助品牌、產品、服務持續受到客戶青睞達到行銷的目的。品牌傳播其實是一門量化與質化並用的學問，要能充分發揮傳播的效果，特別可以從「行銷傳播媒體企劃」應用上來研究，這也是市場面最普遍需要的專業層面。特別是行銷相關人員，更能有具體應用的機會。

【為什麼說「行銷傳播媒體企劃」？】

　　先把內容行銷、體驗行銷等方興未艾的傳播模式切開，傳統的媒體企劃概念多著重在「付費媒體」，就是一般所謂商品廣告，或者說透過媒體採購管道，獲得品牌露出機會的傳播媒體企劃。從以下的傳播企劃的沿革，也可以看出一些脈絡。

　　隨著社群的發展、自媒體的蓬勃，傳播形式的多元化，也開始展開所謂paid（付費媒體）以外earned（獲得媒體）、owned（自有媒體）的專門顯學，現今透過earned（獲得媒體）、owned（自有媒體），已經形成強大的行銷動能，自然在傳播企劃法則也至關重要。

　　意思是，除了以付費媒體（paid）形式的傳播為主體之外，隨著數位平臺生態發展，傳播效益的可能性已經超過媒體採購投資企劃的範疇，Earned與owned的傳播力量不容小覷。所以現行的「行銷傳播媒體企劃」已經全面的涵蓋多元曝光環節，企劃層面從付費（媒體費／廣告費）的接觸點，到沒有付費（媒體費／廣告費）的二次傳播、口碑傳播、體驗傳播、內容生成、自有媒體傳播都在考慮的範圍。「企劃」的重要性隨著傳播環境的豐富性而顯得更為重要。傳播媒體企劃就是幫助行銷人員從看起來眼花撩亂，實質有脈絡可循的架構當中，看到品牌傳播所需要掌握的決策關鍵。

為什麼要企劃？為什麼企劃能力日漸重要？簡單回答，媒體／接觸點的選擇愈多，企劃就日漸重要。傳播的形式愈多，傳播企劃就相形重要。最終，都只為了找一個答案：最佳成效！媒體投資的效果如何預估？傳播媒體企劃的重要性，跟市場媒體工具多元發展呈現正相關。

1. 階段一，有限的企劃：曝光版面少，能買到版面就好

三臺兩報時代（臺灣在1987年解嚴前），媒體數少，廣告版面極其有限，完全是賣方市場的環境，傳播媒體企劃可以發揮的角色非常有限。在時空背景下，受眾所能接觸的媒體非常有限，基本上很自然能接觸到廣告訊息，外加媒體不多，干擾不大，廣告效果相對有效。即使在階段一，廣告花費無法一一檢視消費者每階段行銷歷程的反應，但是從銷售面可以看到明顯變化，廣告主對廣告投資也有明確的經驗法則。

2. 階段二，企劃價值快速提升：曝光管道增加，什麼是最好的媒體配置

《有線廣播電視法》在1993年7月施行後，有線頻道及其他平面戶外媒體如雨後春筍、百花齊放，市場逐漸由賣方市場轉變為買方市場。媒體選擇與配置運用成為必要之規劃，於是臺灣也跟上全球媒體專業化的腳步，紛紛成立媒體專業公司，並且快速引進媒體企劃know-how。媒體自由化與有線電視發展，形成媒體選擇眾多，需要更具專業性的媒體選用方式，以期達到最佳化。就傳統媒體均以付費廣告的操作方式作為傳播動能的前提下，媒體企劃的核心思考，講究在花最少的錢，達到最佳的傳播效果，例如：在有限的預算下，達到涵蓋面最大、傳播頻次最多，也就是廣告聲量的量化估算，像是reach（觸達率）／frequency（接觸頻次）／GRP（總收視點）／CPRP（每個收視點成本）／CPM（千人成本）等指標。網路廣告在這個階段也開始萌芽，但是多半聚焦

在網路廣告曝光，也就是說，把商業廣告製作成適合在網路媒體曝光的形式，像是Yahoo的首頁大看板。初期的網路媒體量化基準，跟傳統媒體的概念非常類似，像是impressions（曝光數）／CPM（千人成本）／page view（網頁閱讀次數），主要著墨在廣告曝光媒體與形式。

3. 階段三，企劃範圍涵蓋層次多元豐富

社群平臺、數位科技發展至今，品牌主找消費族群不一定透過付費媒體。相較於以往傳播媒體計畫與付費媒體規劃，幾乎劃上等號的概念，已經產生革命性的質變。

至今，數位科技發展遍布全球，在數位環境的覆蓋之下，對於傳播的法則、運用的工具早已超越付費媒體的範疇。中國的阿里巴巴、阿里雲，全球普及的Google、FB、Twitter，應用於行銷傳播領域，已經是數位科技發展的體現。傳播媒體企劃的方法論，除了談媒體選擇、接觸點配置，更有機會從消費者歷程看到媒體整合策略的傳播動能。這一切得歸功於科技所帶來巨量、即時的大數據，便捷的系統與平臺應用、百花齊放的傳播型態。在數位發展成熟的前提下，「找對人」／「給對內容」／「敏捷應變」相較於前兩個階段，只著重在曝光完全仰賴媒體版面／時段購買，大有不同。自從數位平臺全面滲透，人人皆是自媒體之後，「找到對的人」，除了平面、電視、廣播等，也可以透過KOL找人、透過線上行為軌跡找人、透過數據標籤等方式。而品牌傳播的內容運用，也開始產生質變，從品牌廣告、產品廣告為大宗，演變至每個消費者、小編、有社群影響力的意見領袖，都可以產生內容，形成傳播的動能。

以上三個不同的時代背景，提供了對傳播媒體企劃完全不同的思考構面，但始終如一的是，在當下找出最好的方法讓消費者與你的品牌相遇。更有意義的事是，消費者不管在什麼狀態，透過行銷科技都能找到與之互動的方法與參考數據。反過來說，透過數據與科技的應用，也能

夠更有效的找到不同狀態的消費者，進而提供適切的訊息內容。

　　企劃的維度更立體。媒體工具面臨重新定義的今天，媒體企劃的思維，剛好提供品牌傳播一個極具參考價值的檢視機會。

11.3 傳播媒體企劃要素

　　企劃的方式與流程，存在各種方法。特別是全球性傳播集團也存在各式各樣的know-how，有強調從品牌與消費者的關聯度出發、有從市場面找出參考值，也有著重接觸點的最適化組裝。每一種方法都有他的價值與立意，但綜觀來說，採用的基本元素並無太大差異。所以談企劃思考之前，可以先來認識一下普遍會需要涵蓋的企劃要素。

【行銷常用的5W（Who、What、When、Where、Why）＋1H（How）】

　　行文至此，我相信這些歸納的目的都是為了提供給企劃人，以更簡便的方法發展出結構完整的企劃案。以實務操作的角度來看，倒是不用太拘泥在應該是幾個W，而是更加善用這些方法，幫助自己在思考的層面更為完整。5W也好，6W也好，這些要素歸納法則，事實上不只是整個行銷範疇，其應用面也可以非常廣泛。當然，在規劃傳播媒體企劃其實也很好用。不管套入哪個派系的傳播企劃模式，都可以視為必要性的資訊。我們也可以用這些歸納法來描述與傳播企劃相關的背景資料。接下來可以從慣用的5W＋1H（when/who/what/where/why/how）來檢視既有的現況與條件，找到最好的策略方案，或是整理與傳播媒體企劃有更直接相關的資訊範疇。

1. Who人：傳播目標對象

　　在前一個章節我們幾乎都在談人，設定目標對象的重要性尤其重

要，從精準行銷的範疇，把目標對象規劃的愈加詳細，在傳播的操作上就更能掌握。在數位發展成熟、消費者狀態變動快速之際，與其說傳播目標對象是靜態的檢視，更像是脈動的理解與掌握。

2. What事／物：傳播資源與內容

(1) 活動主題：行銷傳播活動主題。

(2) 產品：特色、體驗。

(3) 傳播內容：素材內容、表現形式。

(4) 預算資源：在傳播投資範疇裡，量化是一個非常重要的操作指標。特別是在廣告媒體投資與引導直接銷售無法直接勾記的情況下，廣告傳播預算應該買到多少曝光是非常關鍵的評估標準。

　　以數位環境而言，由於訊息傳遞成本，造成的訊息露出、觀看程度、點擊、進站、停留時間、留單、訂購等，有了透明的科學方法追蹤勾記、計算轉換率及轉換成本。所以，傳統媒體單純以曝光成本為主要指標的參考價值就較為受限。

3. When時：傳播時機

(1) Trend：市場趨勢、趨勢預測。

(2) Timing：時機、整體市場的現況。

(3) Time line：活動排程策略，什麼時間做什麼事。

　　一般而言，行銷傳播活動期間會有階段性的規劃。例如：soft launch、launch、major campaign、maintenance，說明如下：

- Soft launch：一般指非全面啟動，作用在全面上市前，一邊漸進式投入市場暖身，一邊測試市場反應。為全面行銷活動啟動做準備。
- Launch：正式行銷傳播活動啟動。
- Major campaign：主要傳播期，大部分會持續4-8週，讓傳播效益有時間發酵。
- Maintenance：持續訊息提醒，以維繫與消費者之間的關係。

4. Where地：市場環境

(1) 整體環境／產業：即市場狀況。同一個產業中，我在市場占到什麼位置？是領導品牌面臨強勢追兵的壓力？還是領導品牌需要持續與追隨者保持一定的競爭優勢？有多少資源？品牌資產在什麼位置？是成長的產業？還是萎縮的態勢？

(2) 競品的角度：競品投入多少傳播媒體聲量？消費者都一直會看、聽到競爭品牌的聲音、廣告訊息？還是數個競爭品牌都投入可觀的傳播媒體聲量？相對而言，我的品牌有沒有被看到？聽到？

(3) 區隔的角度：著重在對消費族群區域性差異的關心。例如：房產業的地域性需求差異大，在新竹科學園區工作者，他的居住需求基本上不會在高雄。傳播策略除了全國性的覆蓋之外，透過網路形式作選擇性的區域覆蓋，或是加強地域性內容報導強的地方性媒體來服務區域性對象，也是重要的考量點。

5. Why：機會點、問題點

想要做什麼行銷？想掌握什麼機會或是解決什麼痛點？

例如：為什麼要建立品牌知名度？因為品牌信賴感不夠？還是同質性產品過多，無法成為首選？為什麼要快速鼓勵消費者體驗、試用？要建立社群口碑嗎？需進一步建立品牌跟消費者的關係？還是要締造品牌差異性？

6. How：該怎麼做？

傳播媒體企劃非常關注在傳播投資。企劃發展元素，除了聚焦在廣告主本身的策略發展之外，競爭品牌如何做，也是一個重要的參考資料，目的在為自己找出在市場上能夠脫穎而出的策略。

企劃要素透過人、事、時、地、物各個面向，就現有的品牌、或是產品樣貌、條件資源、所對應的市場設定，一一檢視，進而設定目標、

發展策略。策略思考,則是依現有的條件為前提,規劃出最好的傳播媒體運用方式。

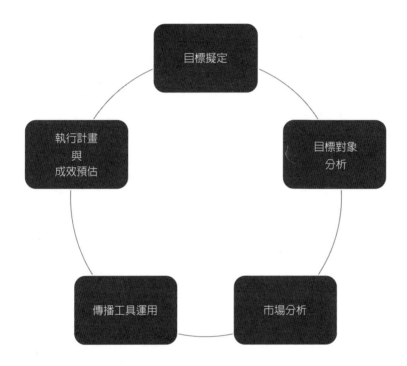

【五大構面的基本制定範圍】

　　傳播媒體企劃基本上不脫離五大構面,從初步了解五大構面的基本制定範圍,將有助於企劃發展的運用。

1. 構面一,目標擬定

(1) 可量化:傳播媒體目標的界定,多以量化為依歸。

(2) Paid：傳統付費媒體清一色的著墨在針對目標受眾所能達成的涵蓋面與溝通度。在計畫預算內如何達到最大的涵蓋面與露出頻次，同時也等於追求最好的成本效益，以便清楚界定付費媒體廣告投資所能獲得的傳播效能。

- 內容型態：付費媒體廣告的內容型態較具有統一規格、素材單位，例如：30秒、60秒廣告影片，靜態版面形式，都為曝光次數單位。
- 關鍵效益指標（key performance indication, KPI）：reach（觸達率）、frequency（接觸頻次）、GRP（總收視點）、CPRP（每個收視點成本）。

(3) Earned與Owned：數位環境、社群平臺，也是重要的傳播工具，而且不會僅以付費式廣告的方式與消費者溝通，所以在earned與owned的量化指標就更專注在流量管理或是轉換率。

- 內容型態：品牌網站內容、一般商業影音／圖文、自媒體自製內容、主題圖文。
- 關鍵效益指標（key performance indication, KPI）：impressions（曝光數）、clicks（點擊數）、visitors（進站訪客）、conversion rate（轉換率）。

2. 構面二，目標對象分析

(1) 分析與研究：聚焦在A.受眾與接觸點的關係，以期找到最有效的媒體工具，以及用法。B.受眾與品牌的關係，以期找到對應的溝通策略。

(2) 受眾接觸點樣貌：例如：網路接觸點可豐富品牌訊息、提供互動場域；電視則傳遞影音，幫助品牌印象。

(3) 受眾接觸點情境：上網找資料、聊天通常是自己的時間；看電視通常是家庭時間。

(4) 消費者線上軌跡：了解目標對象關注的項目與內容。

(5) 社群口碑：消費者也是自媒體，分享經驗、推播訊息也在研究範圍。

(6) 官網、活動頁、紛絲頁研究：營造適當的場域，規劃順暢的進站路徑，都在受眾研究的範疇之中。

(7) 顧客關係管理：從傳播路徑到顧客管理，隨著科技發展，將行銷漏斗模型的過程做了系統性的銜接，目標對象分析，將與顧客關係管理系統密不可分。

3. 構面三，市場分析

市場研究資料應用範圍：

(1) 傳播媒體投資分析：著重在各大品牌或是競爭品牌在市場的傳播組合策略。

(2) 競爭優勢：從投資的角度檢視競爭聲量的優勢，以期檢視目標設定的合理性與可行性。

(3) 尋找品牌溝通的機會點、問題點，以利後續策略規劃，找出最有利切入點。

(4) 輿情分析：一般消費者市場觀感，推估趨勢。分析消費者對品牌與其競爭者之間的觀感差異。

4. 構面四，傳播工具運用

傳播媒體策略的擬定，首要媒體（接觸點）組合與投資量體配置。為所選的媒體工具規劃各個工具所需扮演的角色與任務。

(1) Paid media：電視：廣告快速建立知名度；報紙：可刊載較多文字訊息；雜誌：可透過圖文支持高質感形象；數位廣告：精準投遞適切內容。

(2) Earned media：獲得媒體曝光。透過口碑議題操作，預期得到轉載、轉貼、分享等媒體曝光。

(3) Owned media：規劃適切到站環境，滿足訪客需求，甚至進行消費。

(4) KPI（key performance indication）：關鍵效益指標。例如：涵蓋傳播效能（media effectiveness）與成本效益（cost efficiency）的量化角色、觀看數（views）、進站訪客（visitors）、分享／轉貼。

5. 構面五，執行計畫與成效預估

(1) 配置預算，以便明確預估傳播效能（media effectiveness）與成本效益（cost efficiency）。

(2) 時間配置，以便預估什麼時間點可以期待什麼傳播效益。

(3) 成效預估，整個企劃案執行完畢，預期得到什麼效果？能夠觸及多少的目標對象？預期目標對象產生什麼反應？提高品牌偏好？產生消費行為？提高消費量體？將會從傳播效能跟市場反應作出對應檢討。

11.5 傳播媒體企劃思維與運用

每一個傳播媒體企劃都有**明確設定的目標**需要達成，而且都有**量化標準**。

例如：產品知名度的提升、品牌偏好度的提升、品牌印象度的建立、強化提醒以增加促購等，皆有對應的量化基準。

傳播媒體企劃三大要素：對誰說（對象）？怎麼說（故事軸心）？在哪裡說（媒介／場域）？

傳播媒體企劃，就是依據規劃的「行銷主軸」找出最好的方法達到行銷傳播目標。

這個章節著重在實際應用面，再往下進行思維與運用前，先做簡略的觀念釐清，幫助大家避免遇見太多「術語」而造成的混亂。

【從行銷目的，釐清傳播媒體運用範疇】媒體企劃五步驟

行銷的目的：就是要對顧客有澈底的了解及認識，使產品與服務能完全符合顧客的需求，進而讓推銷變得多此一舉。～管理學之父彼得・杜拉克（Peter Drucker）

廣告行銷：指透過廣告的形式，與消費者溝通，達到企業的行銷目的。

行銷傳播：透過訊息傳遞或流通，協助企業主推廣品牌、銷售產品，基本上幾乎只針對顧客／受眾傳播。行銷傳播在付費媒體為王的時代，廣告行銷幾乎占去大部分的角色範圍，但在現今，社群平臺當道，大數據、數位科技發展迅速，行銷傳播的可行性大幅提升。

傳播媒體：paid、earned、owned都在消費者的接觸點範圍，傳播媒體企劃不再受限付費媒體管道，這也是本章節所提出的最重要思維，以期用書人在數位變革急遽之際，與時俱進。

步驟1. 確認或擬定目標的思維與運用

傳播媒體企劃，不適合在沒有行銷主軸的前提下獨立發展，除非只談媒體採購效益。只談媒體效益，那就是明確追求最大曝光、最低成本，即所謂最佳效益。

所以，**傳播媒體企劃也是一個綜效策略的思考**。傳播媒體目標，則是透過媒體運用的策略規劃，以期能達到媒體傳播的效益。

一般企劃發展都需要以擬定的目標為前提，由客戶提供相關的背景資料，交由專業團隊進行企劃發展。以下為Brief傳播媒體企劃單，範例如下：

Brief傳播媒體企劃單

（客戶提供期待的行銷目標與相關條件，作為企劃發展前提）

行銷目的	活動期間	傳播目標	目標對象
提升品牌好感度 招募新會員 促進產品銷售	20XX年第三季 共進行12週 第一週為上市週	廣泛告知，涵蓋70%的目標對象 引起社群口碑 媒體投資效益組合最佳化	15-29女性 偏都會區 追求時尚

步驟2. 擬定策略的相關研究

〈市場分析〉

(1) 量化分析

A. 媒體傳播企劃最常從找參考值開始。什麼意思呢？

　　Market analysis市場面看投資面；沒有不要成本的行銷，Paid、earned、owned都有成本。

B.品牌在市場的地位有多大？

・SOV（share of voice）品牌聲量占有率

　　從各個品牌在市場上投資的媒體聲量，包括廣告曝光聲量、現在的社群口碑、分享等，來檢視自身品牌在市場上跟目標受眾接觸的強度。

　　舉例，市場上有五家速食連鎖餐廳，A、B、C三家比較有廣告聲量投入，D較少廣告聲量投入，F沒有特別廣告聲量。所以，速食餐飲的市場就是A、B、C三家幾乎占了九成（如下頁圖例SOV）。

　　如果A約占40%、B約占30%、C約占20%，顯而易見，A品牌聲量最大。

　　通常媒體廣告聲量占比跟品牌市占率成正比，也有部分非領導品牌在某些情況下，會投入大量廣告聲量，甚至超過領導品牌，例如：新品上市。

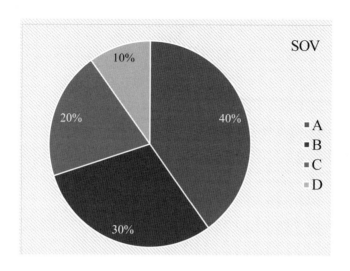

・SOM（share of market）市場占有率

　　而SOM指的就是市場占有率，比方說，A、B、C三大品牌，幾乎占了整個市場消費的九成五，分別為50%、30%、15%，比較沒有做廣告行銷推廣的D相對市場占有率就小很多。F品牌幾乎沒有聲量，但也占有1%的市場占有率。

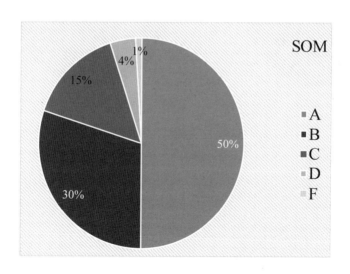

以這些數據來看，品牌A聲量占有率是40%，而市場占有率是50%，可以說，他的廣告行銷投資相對於市場占有率的績效是好的。領導品牌的品牌價值，一定也幫助了他的銷售效益。

品牌C聲量占有率是20%，而市場占有率是15%，可以說，他的廣告行銷相對於市場占有率的績效不如第一品牌。這種情況多發生在「後發」品牌，像是市場已經有深植人心大品牌了，後來又進來一個新的品牌，消費者還不認識，也還沒有信賴基礎，所以願意消費的比重會較低，前期會需要花較多資源跟市場溝通。

一般在媒體企劃案中，品牌聲量占有率（SOV）相對於市場占有率（SOM）是重要的傳播媒體投資量參考。

品牌聲量占有率 vs. 品牌市占率的策略思考（檢視品牌聲量投資適切度）

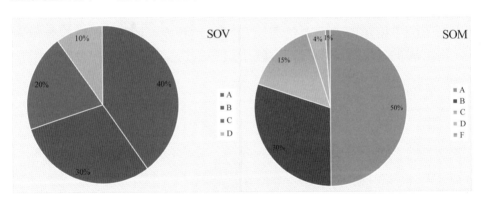

如果以品牌A的情況來看，這幾個參考數字可以幫助他從幾個角度看規劃投資範疇：

方案一，持平，維持已經穩定的投報結構，因為市場占有率已經穩定了。

方案二，減低預算，看來品牌價值發生作用，不用花這麼多錢，也能維持已經穩定的市場占有率。

方案三，加強預算，想拉開跟第二品牌的距離，因為眼看第二品

牌B這幾年市場占有率一路爬升到30%，對領導品牌的市場地位形成威脅。

(2) 競品媒體組合運用分析（media mix of competition analysis）

　　如前述我們談及品牌A、B、C三家比較有廣告投入，那麼可進一步細看他們的媒體投資組合策略（media mix）。

　　一般而言，投資量愈大的領導品牌愈有能力使用多樣性的傳播工具，做整合性的傳播。

競品使用媒體分析表（檢視品牌在媒體使用的競爭能力）

品牌	A	B	C	D
付費媒體	TV 有線電視廣告	TV 有線電視廣告		
	Line 廣告	數位聯播網廣告	FB廣告	數位聯播網廣告
	影音廣告	原生廣告	影音廣告	
	OOH 戶外看板	Mobile 01 廣告	OOH 戶外看板	
自有粉絲頁經營				
社群口碑經營	PTT	PTT	PTT	

　　投資量最大的品牌，比較有條件選擇較多的媒體工具；資源有限的品牌，多半會傾向聚焦在部分更有效益的傳播工具。

(3) 質化分析

　　輿情分析幾乎是現今市場分析運用最為普遍的方法之一，對於傳播媒體規劃也提供了重要參考依據。特別像是社群平臺、聊天室、論壇的分析，基本上已經提供品牌主直接與消費者溝通的參考依據。

　　例如：X品牌新產品上市，透過文字雲了解新品類在市場被關注的程度。從指標與聲量了解消費者關注新品類的關鍵價值為何？同品類，品牌之間的正負評。質化分析，更有助於針對溝通策略做判斷。

〈質化vs.量化〉

　　行銷傳播主軸、品牌故事鋪陳、社群口碑、消費者體驗，都比較偏向質化的部分。但在現今數位科技發達的環境下，好的內容與溝通策略可以被具體印證。譬如說，社群生態圈粉絲頁的經營成功與否，源自於對於粉專的經營策略。同時具有自媒體身分的消費者，主動在社群平臺分享使用經驗、口碑發效。

　　以上，都是可以透過輿情分析，進行質化的分析。至於按讚數、正評次數、負評次數、粉絲成長數、轉換率，則提供了量化的參考指標。

輿情分析：透過社群口碑分析，了解消費者對品牌的觀感

| | 網路聲量文字雲 | | 網友討論指標聲量數 | | 品牌聲量分析 |

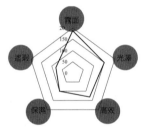

	X Brand	A Brand	C Brand
討論聲量	高	中	低
正評	中	低	高
負評	高	低	中

步驟3. 規劃或擬定溝通對象

　　前一個章節，我們花了很多篇幅談受眾。既然是傳播媒體企劃，就一定有需要溝通的對象。期待對誰溝通，進而得到什麼行銷目的？在這個階段需要釐清並量化。溝通對象可能就是使用者，但也不一定是使用者。例如：以汽車駕駛者多為家庭中的爸爸為例，賣家庭休旅車的品牌也會跟媽媽溝通，因為媽媽更在意家庭活動的用車需求。更具體的例子，嬰兒尿片，溝通的對象是採購者或是照顧嬰兒者。照顧者可能是媽媽，但採購也可能是爸爸。一旦設定目標對象，市場的操作還是傾向量化標準。所設定的對象總數是多少人？比方說，20-29歲女性約180萬

人，傳播目標50%都對這個產品有印象；或是近年去日本旅遊者，30%可以知道產品訊息；或是30,000個按讚數；150,000進站人次之類等。目的在於有量化目標，才能檢視執行的狀態，計算成效，並作為日後的經驗依據。

目標族群媒體接觸觀察與分析

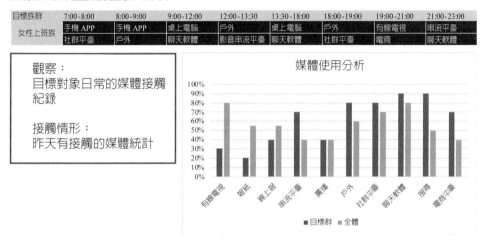

目標族群	7:00-8:00	8:00-9:00	9:00-12:00	12:00-13:30	13:30-18:00	18:00-19:00	19:00-21:00	21:00-23:00
女性上班族	手機 APP	手機 APP	桌上電腦	戶外	桌上電腦	戶外	有線電視	串流平臺
	社群平臺	戶外	聊天軟體	影音串流平臺	聊天軟體	社群平臺	電商	聊天軟體

觀察：
目標對象日常的媒體接觸紀錄

接觸情形：
昨天有接觸的媒體統計

媒體使用分析

步驟4. 工具運用策略

(1) 檢視評估工具本身的特色，以及能傳遞訊息的形式。

A. 付費媒體（paid media）

- 數位：看板式廣告、影音廣告（例如：Google聯播網、FB、IG、個別數位內容網站Udn、蘋果、東森）。
- TV：30秒／60秒廣告片。
- 印刷紙媒：完整圖文。
- 戶外：影像、影片、互動。
- 交通媒體：影像、影片、互動。
- 廣播：聲音。

B.獲得媒體（earned）、自有媒體（owned）

・社群平臺：粉專經營、KOL網紅業配。

・自媒體：內容更新、官網服務。

・內容置入：節目置入、活動冠名贊助。

・體驗式：事件行銷、O2O。

(2) 從消費者的媒體接觸點（contact point）的情境設定媒體角色

　　舉例：大專學生（目標族群）最大的接觸媒介：手機（一直黏在上面）、戶外（活動力強）、交通媒體（固定上下課）、TV（回家陪伴家人）。

　　設定媒體角色的思考點，在於除了接觸點本身的特質之外，不同的受眾型態與接觸點的使用情境，並不相同。例如：手機涵蓋了幾種傳遞訊息的方式：找資訊、常用APP、follow KOL／粉專、訂閱內容網站、聊天室等。但是手機之於年輕族群，幾乎是全方位的應用場域，KOL推播、聯播網廣告、事件行銷的發散以獲得更多關注等。而對於老年族群，還是在撥接電話；對於中年人則可以是介於年輕族群跟老年族群的應用面，例如：LINE使用頻繁，但不一定使用支付工具。於是不同的目標受眾就此展開，相對應的運用策略。

(3) 依階段性傳播目標排列先後順序，舉例：

・全面上市告知：以能最大量曝光爲首要考量。

・造成口碑話題：以能助長口碑動能的社群操作爲優先。

・塑造品牌形象：能完整傳遞品牌訊息的媒體工具。

(4) 預算策略

・選項：有幾項媒體工具，會被考慮使用（如果很難選，也可以試著排除最不必要的）。

・輕重緩急：誰最重要？需要的基本門檻是多少錢？夠不夠分配到這麼多工具？

・最佳化：如何將有限的預算，有效地分配到嚴選出來的媒體工具。

・預期效益：做任何預算分配最終需歸因到，預期媒體成效，才有辦法

做最終檢視。

(5) 預算分配的考量

　　媒體工具實際運用上，由於每個單一媒體在使用上都會講求所謂的有效門檻；也就是說，我們會期待媒體工具一旦被使用，至少能夠達到基本的涵蓋面或是溝通的頻次，才不至於造成每一個投資都沒有達到有效門檻，而產生浪費。

　　從門檻的概念來看，預算規模不夠大的時候一般來講會比較專注在較少的媒體選擇。比方說付費媒體門檻最高的應該是電視媒體，一旦預算規模不夠的時候，則可以考慮專注在數位媒體，或是更專注在社群平臺，比方說FB或是IG。近年來有很多成功案例著重在以小搏大，意思是說，以較少的付費媒體投資在社群平臺，但是由於內容的卓越、點子的創新，所以博得更大的市場回應。好的社群內容反而比付費媒體得到更多曝光，這樣的傳播策略思維已經成為了顯學。但即使如此，以總量化的角度去看媒體成效仍然有舉足輕重的客觀性與實用性。

　　基於以上考慮面向，都可以形成媒體運用組合與預算分配的支持點。以下圖表呈現簡單的媒體組合，其背後實則涵蓋了諸多面向的考量。

媒體組合 vs. **媒體比重**

	預算分配
OTV 跨螢影音廣告	25%
YouTube 影音廣告	20%
FB 影音廣告	10%
Line 影音廣告	15%
OOH LED 戶外影音電視	15%
IG 線上活動	15%

步驟5. 排期策略

整個媒體傳播活動期間是多久？一般運用常以四週（將近一個月的週期）為一個單位。

規劃的媒體工具不一定能夠或需要從第一天走到最後一天，端視活動期間所需的聲量策略。

舉例：賞車、量販店家庭採購都集中於週末，排期策略一般會集中在週四開始直到週日，週一到週三聲量就比較低。

日用品類，消費者天天使用，只要預算能支撐日日曝光，就比較沒有明顯聲量輕重問題。但是，新產品上市，就可以策略性強化在首週或是活動期間加強產品聲量。

Timeline 媒體時程

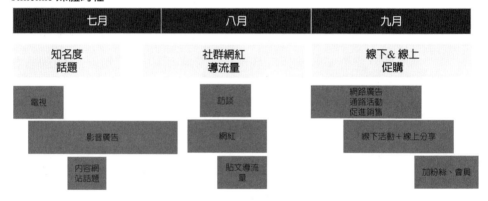

11.6 傳播媒體企劃思維的變革，paid only到paid、earned、owned

【Paid】

Paid：付費廣告媒體的規劃行之有年，也有成熟的機制與方法評估

投資成效。超過一個世紀以來，傳播媒體企劃的效益多半著重於付費媒體，也就是付費廣告。花多少錢買多少版面或是廣告秒數。這個傳播方式，也等於是品牌行銷發展至今最有力道的一個傳播方法。付費媒體依然是重要的傳播動能，至今也一樣不容忽視。甚至更為重要的關鍵因素在於，付費媒體終將成為行銷成本或是行銷投資，端視企業在行銷科技或是企業數位化程度的能力。

因為，過往每一次的廣告訊息露出，只產生一次性的影響。然而，一旦每一次的影響都提供品牌主掌握消費者的數據機會時，付費媒體的思維將造成革命性的影響。例如：寧可花較高的費用買對人（消費族群），也不要只顧及單位購買成本。付費媒體同時也伴隨消費者線上數據的豐富性，展現更多可能性。所以，媒體企劃的全面發展，必能在現今的數位環境得以實踐並驗證。兩相呼應，成為傳播效益的最大福音。

【量化指標在傳播範疇，其實非常的繁複，但可以有幾個歸類，化繁為簡】

1. 聲量／量體

從傳播聲量廣度與聲量重度（頻次）出發，主要是用來評估訊息曝光量體，可以用來評估傳播量的投入跟市場回饋的相關性，或是用在評比品牌之間個別投入多少行銷傳播資源。

例如：觸達率（reach）、接觸頻次（frequency）、收視總頻點（GRP TV）、電視廣告露出檔次（spot）、曝光數（impressions）、收視率評點（rating）。

2. 收訊品質

受眾對於傳播訊息的涉入程度，可以用來評估廣告訊息被受眾有效接收的量化指標。

例如：數位廣告可視度（viewability）、點擊數（click）（一般

認爲對的訊息投給對的人，廣告才會被點擊）、廣告點擊率（click through rate）。

3. 成本效益

　　傳播成本效益的評估，主要是用來了解傳播費用執行是否買到最好的曝光成效。目的特別著重在媒體採購績效，可用來比較媒體工具之間買誰比較划算？或是怎麼買法效益比較高。行銷人員可以透過成本指標，理解代理商在媒體費用的執行狀況。

　　例如：CPM千人成本（曝光1000次的平均成本）、CPRP（每個收視點成本）、CPC（一個數位廣告點擊的成本）、CLP（cost per lead，單筆名單成本）。

4. 組合最佳化

　　「組合最佳化」就是在策略主軸的前提下，進行媒體或是傳播工具的組合。談媒體組合策略必須要先回顧傳播策略其中的一環。

　　消費者接觸點指如何觸及消費者，並希望他們接觸到訊息之後產生什麼反應？

　　「如何觸及消費者」最有效，可以視爲「組合最佳化」的終極目標，就在追求業主「花最少的錢」得到「最大的曝光量」，並確保「曝光品質」。這個思維其實就像是從眾多可能的組合當中，找出最佳的一套。

　　舉例：

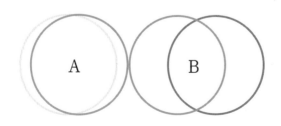

媒體組合的組合A與組合B，圓圈代表個別媒體工具可以涵蓋的人群，組合A明顯看到兩個媒體工具所觸及的人群幾乎完全重疊，而組合B重疊人群較少。若是以追求涵蓋面來考慮，組合B相較是較佳的組合。

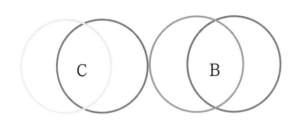

　　媒體組合的組合B與組合C，圓圈代表個別媒體工具可以涵蓋的人群，兩套組合所看到重疊範圍差不多，所觸及的人群幾乎完全一樣，這時候也可以依照成本結構來考慮較佳組合。

5. 精準化

　　數位傳播運用與傳統媒體最大的差異，在於巨量的數位軌跡。廣告主透過數位平臺系統將消費者在線上的行為軌跡註記後，能有效地將產品訊息推播給相關性更高的線上受眾，達到傳播更為精準的效益。精準行銷從此成為傳播顯學，跟大數據／線上資料標籤、演算法／訊息推播規則、機器學習／依受眾理解給予個人化資訊，強化促動力。數位程序化購買與電商在精準行銷的運用技術最為廣泛。

【Earned（獲得媒體）、Owned（自有媒體）】

　　需要把所有能跟消費者接觸的傳播動能做盡可能的估算與統整，包含付費的媒體曝光、社群平臺的露出、自有媒體的經營，才能算是對於品牌傳播動能的全面理解。雖然傳播媒體企劃，發展於付費媒體，但是伴隨社群發展、官網機制，都將形成與付費媒體間的連動。例如：投遞

付費廣告，同一時期論壇、口碑、聊天室、FB紛紛跟著分享交流，直到消費者搜尋進入官網或活動頁，或是下載APP。傳播動能的流通是全面性的，這也是掌握媒體企劃的關鍵。

1. Earned（獲得媒體）

　　透過社群影響力、口碑傳播、體驗分享、貼文所獲取的曝光，雖不是透過付費，但不等於不需要傳播成本。被轉貼、轉發、分享的內容都要具備價值性，例如：深刻的體驗、有趣或是有用的內容、可討論的話題等。也就是說，如何提供消費者產品體驗、訊息內容、話題交流的條件是必須的。有基本條件才能推波助瀾，贏得媒體曝光。但，有時候「贏得曝光」也不見得是贏家。失敗的產品經驗、負面的輿論都有可能帶來負面影響。品牌主在面對獲得媒體曝光（earned media）的時候，更需要具備協助品牌與社群充分溝通的機制，避免品牌價值遭受無妄之災。

2. Owned（自有媒體）

　　在社群平臺FB粉專、影像／影音上架YouTube/Instagram、論壇互動／部落客等，都屬自主性經營溝通管道的媒體據點。雖然花的不是媒體費用，但是小編、影音內容、論壇主持、貼文更需要考慮品牌調性，才能有效對應消費者，經營目標市場。

　　自建官網、產品網頁、活動網頁，訪客直接點擊進站，在所有自有媒體當中是最確實能協助品牌主，直接收取訪客數據，進而與之互動的根據地。但吸引訪客對自有網頁內容感到興趣，也是一大挑戰。

　　Paid、earned、owned存在的事實，已經將媒體企劃的概念從單純付費媒體企劃思維，提升到更宏觀的全面性整合。付費媒體曝光投資是最直接的媒體企劃，投資經營網紅內容、粉專所得到的傳播效益應該也要被視為品牌傳播的一環。SEO搜尋引擎優化、SEM搜尋引擎行銷引導訪客流量，促進消費者與品牌的關係，廣義來說都是傳播媒體企劃的範

圍。「媒體」的角色更應該被重新設定。在傳播工具百花齊放的現今，媒體企劃所談的媒體組合、傳播工具運用組合、paid、earned、owned 的整合運用，最終還是聚焦在更具有客觀性的量化指標，才是持續檢視品牌傳播效益的依歸。

好的媒體企劃，必須能完整呈現對品牌產生可預期的傳播效益。特別是數位軌跡提供更多行銷傳播效益的參考值，媒體企劃的範疇雖然一再面臨新的定位，但是，有價值的媒體企劃終將從行銷成本角色轉變為行銷投資的角色。

【結語】

傳播媒體企劃，基本上是有步驟的，或者說有思考順序的。用做菜來做個比喻，食譜的步驟至少引導一個不會失敗的做法，但是武功高強的人可以改食譜嗎？答案是肯定的。沒有武功的人，可以自己想嗎？投資效益的實驗也是很難得的。傳播媒體企劃發展思維談的就是幾個關鍵性的思考點，為接下來的企劃布局做準備。傳播媒體企劃則是依據一些已經累積成熟的經驗模組，以比較安全且行之有年的法則進行操作。

傳播企劃、廣告傳播企劃、媒體企劃，其實都是為了達成行銷傳播的目的所做的規劃，只是傳播媒體企劃更加著重在透過量化的方式找到最佳的傳播渠道，規劃出最適切的傳播路徑，同時對於受眾觸及訊息的強度也做了量化的估算。這個角度是方便行銷規劃有相對科學的評估基準，同時對於行銷投資能夠得到的傳播力道，也能夠有個共通且容易理解的量化單位。所以媒體傳播企劃這個環節是在整個品牌行銷規劃之中，更加聚焦在量化標準的第一門學問。而這個量化的基礎又能夠與行銷策略思維相輔相成、並行不悖，這也是行銷學談到傳播環節最迷人的一個面向。

現今的效益表現除了可以呈現在傳播效益、產品曝光之外，也開始勾記到來客與銷售，這也是傳統媒體與數位媒體最大的分野。不管傳播

成效可以量化到行銷歷程的哪一個階段，預算投資與回報投資報酬率的關係，基本上都是以量化來作為評估基礎，所以即使是談到目標與策略，也都會盡可能建構在量化基礎。

傳播媒體企劃是整個傳播策略中，最明顯運用大量評估機制的環節。哪怕是內容行銷、網紅行銷、事件行銷、口碑操作，只要能觸及受眾（receiver），量化機制就可以被利用為參考指標。

在現今數位科技風行草偃，1994年滾石文化段鍾沂董事長為臺灣業界翻譯出版了全球第一本「整合行銷傳播」專書，《整合行銷傳播》作者為西北大學權威教授舒茲，早就提及對所有的人提出同一套廣告片（內容）的做法，就只會得到模糊不清的效果。良好的溝通應該更朝向個人化，這個論點至今拜科技、大數據之福得以實現。對應人物誌的數據、標籤，雲端化、行銷自動化落實個人化的傳播、溝通。媒體傳播工具與型態千變萬化。回到初衷，品牌行銷傳播終究都是為了跟品牌對象建立關係，累積品牌價值，達成行銷目的。品牌傳播媒體運用是其中最直接對應受眾的投資。一旦是投資，就不離投資報酬率（return of investment）的思維。媒體企劃確實有量化的必然性，相信，對這個環節深刻理解，也會對整個品牌行銷運營提供一個講清楚、說明白的理性參考資料。

品牌議題與應用情境

1. 學習品牌在新創、老化、製造業、服務業與地方產業
   不同情境下，打造需注意的事項。
2. 透過實務案例學習品牌的打造。

在品牌建構與管理過程中，有兩個時期值得特別討論——品牌的新創與煥活。此兩個時期在企業品牌與產品品牌都會發生。

【品牌新創】

企業品牌的新創是發生在企業創立階段，企業要有名字才能登記成公司，而企業的名稱就成了企業品牌。為了官網、名片，企業通常會請人設計整套的識別系統。雖然這個識別系統不是不能修改，但改名就是一件大事，對於毫無品牌經驗的創業家，可能會有考慮不周詳的地方。但也有一些企業品牌，如拜耳化學成立了科思創，是因為考慮拜耳涵蓋太多的產品類別，所以另創全新的品牌。

新創企業的老闆通常會想一個好記響亮又不跟別人重複的名字，但可以登記的公司名稱，也未必都能順利成為品牌名稱，所以命名時應多搜尋註冊商標系統，如果有心國際化，連想賣產品的國家也都得查詢。如果是已存在企業成立子公司，則不妨參考品牌組合策略所提到的方式，用「主品牌＋描述字」或「主品牌＋子品牌」來處理，可以避免新品牌需要在許多國家註冊衍生的費用。

產品品牌的命名，以目前的趨勢而言，大都建議以企業品牌當主品牌加上描述字。但如果覺得原本的企業名稱在成為品牌不夠響亮或是有商標的問題時，可以考慮另外命名產品品牌，跟企業有所區隔，例如：85度C的公司名稱是「美食達人」。許多企業在認為新產品不同於舊產品時，喜歡取一個全新的品牌名稱，畢竟打造一個品牌就是每年得持續投入一筆預算，如果可以用1億元打造一個品牌跟用1億元打造十個品牌，前者的成功機率應該比後者高，所以要產生一個全新品牌真的千萬要三思而後行。

由於網路的關係，近年來不管在企業或產品品牌普遍喜歡用英文命名，在字體上用小寫呈現，因為一般人打上網址（URL）時，不會刻意

更換大小寫。有人會參考搜尋引擎的關鍵字，讓一般人打產品類別的關鍵字時，容易出現品牌名稱。如同兩個中文字的品牌很難命名，現在五個英文單字形成的品牌名稱，也不容易找到有意義好記的名字了。

在企業品牌的打造中，品牌願景、理念、價值、個性與文化塑造是最重要的工作，讓全體員工了解品牌、相信品牌、所有工作努力都是讓品牌更好，讓消費者更喜愛這個品牌。在企業集團化之後，願景、理念與文化的一致，成為企業品牌管理的最大挑戰，CSR活動與雇主品牌的徵才活動，還有資本市場的表現，構成了企業品牌形象的主要來源，活躍的創辦人或CEO有時會比企業品牌更吸睛，變成企業品牌的重要代言人，例如：郭台銘的鴻海、張忠謀的台積電。

產品品牌的打造則主要透過產品與服務來傳遞，廣宣打開了產品品牌的知名度，也傳遞了品牌承諾，顧客在消費的過程檢驗品牌承諾。在購買前、中、後的接觸點中，品牌打造者必須時時檢視各接觸點的印象，並進行改善。產品品牌如果沿用企業品牌當主品牌，則必會承接企業品牌的識別與形象，而不斷創新的產品與服務成為企業品牌活力與能量來源。

【品牌新創案例】

CHIMEI奇美家電──打下國產第一大，成功追松趕新

2006年奇美集團從B2B跨B2C，開創消費性電子之自有品牌事業──「CHIMEI奇美」，過往從未營運過終端產品品牌，需重新建立品牌管理、行銷傳播與公關能力，以打造品牌定位、核心價值（內涵形塑），並進行大眾、虛擬、實體等全面性接觸點之品牌溝通管理，獲得市場消費者信賴與優先選擇。

CHIMEI奇美原是臺灣前三大LCD TV代工廠，旗下也擁有polyvision、cmv與polyview三個面板品牌，但品牌間並沒有明確區隔出市場與品牌差異，因此先將三項品牌進行整合，並把過去代工事業完全集中

於品牌經營上，從「代工」形象轉移至「自有品牌」，建立消費者信賴，目標成為國產面板第一品牌及國人心中的第一選擇。

經營思維從代工轉向品牌（B2B→B2C），從產品／成本導向的理性訴求，轉向品牌／顧客導向的感性訴求；透過Cost Down（控管成本）的經營法則，轉為如何透過品牌Value Up（再加值）企業產品，消費者採購的因素不再僅是價格導向，更多了對品牌的情感連結與信賴，進而選擇該企業產品。

CHIMEI奇美產品因長年代工的硬底子技術支撐，本為液晶大廠，擁有「高品質、高畫質」的品質保障，加以祭出領先業界之三年全機保固，表達對自家產品的信心，更以合理價格展現本土企業回饋在地人民；由此CHIMEI奇美藉由「高品質、高畫質、三年保固與合理價格」作為最大產品特色，藉此傳遞「高貴不貴、物超所值」之品牌定位，並將電視（家電）定位於家庭活動娛樂中心，不單純僅傳遞影音，更重於快樂分享的時光，融入幸福感與親切感，強調專業、信賴、親切，「以親民價格，提供優質產品、親切服務，打造美好生活」，展現液晶專家風範，並與消費者共創極大化（生活）價值。

CHIMEI奇美確立品牌定位與內涵後，即需透過全面性的接觸點管理有效達到品牌溝通之效。首先，針對產品類別不同，劃分目標群之庶民意見領袖以及媒體屬性，進而設定新聞議題，加強媒體專題報導，並成功將品牌訊息擴散給目標消費者，產生影響。

舉例來說，針對「液晶電視」將媒體專題設定於「視聽類」、「生活類」與「家居類」議題，並尋覓「電影狂熱者」與「影音玩家」等達人（庶民意見領袖）進行合作，呈現「重視影音呈現效果之內行人選擇奇美」，展現「專業」（高品質、高畫質）之姿，更具有「家庭活動」、「舒適生活配件」之柔軟形象；又如，「LED照明護眼檯燈」將媒體專題設定於「家飾類」、「健康類」、「生活類」與「時尚類」議題，並與「布置玩家」、「色彩玩家」與「環保玩家」等達人（庶民意見領袖）進行合作，使「LED照明護眼檯燈」表現不只是家電，更可展

現「品味、設計與對人體和自然友善」之生活態度。

同時，CHIMEI奇美透過經營「新品類、獲獎類、財經／產業類、品牌力深度報導類、企業動態／策略聯名／CSR／廣告行銷手法、促銷類」等多方面議題報導，展現其品牌的「創新能力」、「品質信賴力」、「產業領航力」及「關懷力」，強化CHIMEI奇美「專業、信賴、親切、共創」的形象，提高消費者對奇美具有一線品牌的信任度，並在消費前進行各品牌商品比價時，較一線品牌價格低，得到「高貴不貴，物超所值」之感。

除了積極藉由議題向大眾溝通外，更透過策劃各式活動及官網、臉書經營，加強CHIMEI奇美與「經銷商」、「政府」、「消費者」、「合作夥伴」與「媒體」之利益關係人關係，透過主動進行聚會、聯誼、發表會與意見交流，積極維繫內外關係，了解各利益關係人的觀點與想法，隨時捕捉意見，與各方形成強力的夥伴關係，產生品牌影響力，並相互支持。

經過長時間的品牌傳播管理，CHIMEI奇美除獲得臺灣精品獎之高品質獎項認證外，更獲得多項品牌力獎項肯定，如臺灣百大品牌、臺灣優良品牌、讀者文摘信譽品牌金獎（2010～2011年品牌形象力與Sony、Panasonic並列），十多年來累積品牌媒體聲量，已高達超過百億，並成功打下國產第一，超越日系家電松下與LG心占率，成功搶攻臺灣百萬家庭。

【品牌煥活】

曾經輝煌騰達的知名老品牌，面臨營業額逐年下滑，顧客群逐漸萎縮，該如何做呢？品牌煥活是今天許多大型企業，和歷史悠久企業關注的重要課題。品牌煥活運動和企業的靈魂、DNA、文化，有很大的關係，是一種文化上的變革。企業必須由內而外全部串聯，並且展現一致性。

品牌煥活的重點在於，品牌年輕化與品牌重新定位：找出年輕人最

重視的需求，然後轉化成品牌的新定位，並形成新的品牌文化。它必須落實在每個人的工作中，同時把品牌承諾貫注在每一個品牌接觸點中，讓目標客層可以體驗驚喜的消費旅程。

很多企業常誤以為，重新設計一個新的品牌標識，就是品牌煥活，忽略了公司內部、各品牌接觸點也必須跟著改變。假設公司的品牌對外強調的是親切，內部的客服人員接電話時卻口氣冷淡，或者品牌強調高科技，但消費者無法直接在網路上刷卡付費，就會讓消費者感覺不一致。每個品牌接觸點，都會影響消費者對公司的認知與印象。品牌可分成三階段步驟，以下分別說明之。

第一步驟　從心創新品牌領導力，重塑價值觀與願景

老品牌通常伴隨著標準化的作業程序，有經驗的老員工跟一群忠誠的老顧客，老顧客滿意既有的產品與服務，老員工努力服務著老顧客，但年輕一代的顧客卻不太願意消費了。對企業經營者而言，外部環境持續在改變，不同世代的年輕人有自己的消費觀，適應環境是企業經營的本質，所以企業的領導者應該要將創新的基因注入在組織內，領導企業進行文化變革。

企業推動品牌煥活時，對內、對外都要並行，無法只做其中一部分。對公司內部來說，品牌煥活前，領導人必須建立品牌的團隊共識，重塑企業價值觀和願景。企業可以透過消費者調查，和內部品牌共識的方式，討論出品牌個性與品牌文化。品牌煥活的第一步，就是進行組織文化變革，從上而下延伸到所有員工。真正的改變必須能夠落實到最底層，每位員工都必須接受改變，並願意展現新行為在自己的工作中。對外的改變則與品牌接觸點和傳播有關。對內的改變，比起對外的改變更重要，也更困難。

文化變革必須從企業經營的基本假設去探討，有些品牌早年的成功，是恰巧符合當時的時代需求，隨著時空背景快速變化原本對事業的許多假設不復存在，就像銀行3.0時代的來臨，大部分的分行即使要關

閉，但在20年前，金融開放後，爲了提供顧客一站購足的服務，金融業者大舉開設分行。隨著新科技不斷推出，消費行爲也隨之改變，企業千萬不能自滿地認爲成功的假設是恆久不變的，適時檢視並改變假設是有必要的。

事業的假設改變之後，再來就是重塑價值觀與願景，這一階段最重要的是要納入第一線，以及年輕員工參與討論，並形成共識。共識是此階段的重點，沒有共識就難以群策群力推動後續事項。接下來就是訂出符合價值觀與願景的行爲準則，並透過英雄、故事、典禮、儀式，以及各種設計物擴散價值觀與願景。如果要強化組織內部的創新能力，可以透過創新提案競賽的方式，進而挖掘出新的產品、服務與有潛力的員工。許多老品牌年輕化的失敗，常常是沒做好領導力步驟。

第二步驟　精心規劃品牌策略，針對年輕族群建構新商業模式

在接下來的步驟中，要開始探討與規劃品牌策略力。首先是不是要爲年輕人命名一個新品牌的問題，這算是一個品牌組合策略問題，通常會建議試著用「主品牌＋描述字」來命名，這樣既能延續原有品牌的知名度，卻又能針對年輕族群提供新的產品服務。再來，是針對年輕族群建構新商業模式，透過完整的商業模式討論，既有的資源如何轉型來服務年輕的目標客層與提出新的價值主張，並謹慎思考新商業模式是否能獲利。品牌管理最重要是能提供給目標客層一致且獨特的體驗，要做這件事，就要做好接觸點管理，品牌與顧客會有許多的接觸點，可能來自品牌的傳播，是產品、服務、店員、賣場的擺設，這些接觸點都要跟品牌主張有關，不同接觸點之間也要注意不要釋放出矛盾不一致的訊息，混亂了消費者的印象。在年輕化的接觸點中，特別注意是否仍有顯得老態龍鍾的接觸點。

任何的改變都必須投入資金與資源，利用品牌策略地圖可以擘畫3-5年品牌發展所需要流程與資源，並訂立衡量指標，以確保品牌年輕化的長期計畫，可以在一開始就有清楚的輪廓，準備好必要的預算與行

動方案。

很多公司常有的疑問是，爲什麼自己什麼都準備了，品牌也做了，卻還是不成功？這個階段我們主要的思考是，企業在改變後，是否有一個能夠獲利的商業模式？舉例來說，有可能公司進行品牌煥活，爲的是吸引更多年輕消費者，但年輕消費者是否可以爲企業帶來足夠的獲利，便是企業要思考的問題。企業在改變之餘，還必須要設法獲利，甚至延伸出一個全新的商業模式。

第三步驟　用心執行品牌傳播，培養鐵粉捍衛品牌

既然公司決定品牌煥活，年輕族群一定是很重要的目標之一。這個階段容易落入的陷阱是，所謂品牌的年輕化不是改變公司的產品或標識，讓它看起來很新潮，而是必須讓年輕的族群認爲，這個品牌是他們所擁有的，是他們所認同的。

過去傳統的做法是，公司只要找一個好的通路，或者一些好的業務人員，就可以把產品成功推出去。今天，企業品牌要打入年輕族群，必須運用傳播的力量，首先必須能吸引年輕族群，運用年輕人的工具，例如：社交媒體或部落格等，設法創造和他們的雙向對話。面對消費者的負評與競爭者的攻訐，組織可以做出必要的澄清與反擊，甚至可以化危機爲轉機，反而增加了品牌的知名度與認同度。如果品牌已經培養出一批鐵粉，那真的要恭喜了，這些鐵粉部隊可以協助捍衛品牌。

品牌是烙印在目標客層的心中，進而對該品牌的產品產生偏好，進而創造出價值。所以在組織、員工、產品、服務都做出必要的改變之後，與目標客層溝通對話，不論是透過傳統大眾傳媒，或是近年來熱門的社群網絡，以及面對面地與顧客互動，傳遞訊息必須精準一致。精心設計的創意傳播活動，可以短時間快速傳遞給目標客層，進而讓顧客知悉並產生好奇與行動。藉由組織外部的訊息曝光也可以讓內部員工感受到組織是真的變得不一樣，顧客的詢問度增加，顧客的訂單也跟著增加，獲獎的訊息更會讓員工與有榮焉，增加員工的向心力。

【品牌煥活案例】

中華郵政——百年老店，内部注入創新思維、帶動品牌新形象

　　中華郵政成立123年，實為「百年老店」，雖郵政服務包羅生活，如郵務、儲蓄、壽險、物流等多面向，但面臨資訊與服務不斷更迭的現代，更多更加新潮的服務陸續而生，從便利商店的多元與便利、新興銀行的新穎和時尚、跨越時空的電子商務，以及種種網路帶來的創新應用，都大大改變人們傳統用郵，以及理財的習性，甚至連臺北市長柯文哲都曾語出驚人地表示「時代在進步，郵局早就應該從地球上消失」；員工平均年齡達到47歲的中華郵政，面臨品牌老化、組織僵化之考驗，中華郵政高層感知品牌老化問題不能只從外部形象打造，更該從内部與基層經營，唯有培養企業由下而上一致的創新文化與精神，得為一池活水，持續灌入創新能量，以永續發展。

　　中華郵政透過創新競賽計畫，深入各支局，激發員工提出創新改變的構想與企劃，並評選出優秀提案，加以實踐。

　　首先，中華郵政舉辦演講與論壇提供創新思考方法，並鼓勵員工跨職務、跨領域討論，藉以促進中華郵政員工思考、發掘問題、提出好點子，此時，内部已提出多達千個創意構想，初選後，優秀團隊執行創意深化、具體化，提升實踐性，將構想化為完整企劃；同時，中華郵政引入產官學等外部專家，提供觀點與建議，刺激郵政内部人員導入多面向思考並調整提案。

　　中華郵政的目標不僅僅將創新思維落為紙上談兵，更期待見到能夠落成的實質提案，因此，中華郵政安排實作雛形開發，團隊透過實地觀察、訪談、分析，更精準地找出使用者需求、機會缺口、關鍵問題，以及更加可行的解決方式，修正可能方案，企圖落實所擬提案。

　　最後，競賽於内外部公開展示與發表評選優質之創新企劃提案；於内，辦理於中華郵政總部，其將激勵員工士氣、鼓勵同仁交流創新構想並予以討論，打造創新氛圍；於外，則辦理於華山1914文創園區，將

中華郵政產學研三方共創的創新能量分享給群眾。

　　123年老店的中華郵政透過創新競賽，由下而上，將創新的基因深植在每一個員工身上，並精鍊出創新業務（如24小時的自動收投機、小農產銷平臺）、服務提升（窗口工作站的即時Q&A整合支援系統）、形象公益（以郵筒美化城市，整合投遞配備提升形象）與活化組織（提升服務DNA與革新局屋空間）等創新服務提案，本次競賽計畫聚集了150,000名郵政員工共同參與，激盪1,343件創意構想，從中梳理出56件創新提案，最終階段則評選出24件創新提案，皆提供給各業務管理單位作為規劃業務的參考，多項提案內容被部分採納甚至完全採納，進行提案落地實行。

　　本次創新競賽計畫的實施，鞏固員工向心力、提高服務熱忱，並提升中華郵政公司整體品牌形象，由內而外活絡組織文化，同時，導入創新思維與養成創新學習文化，並建構創新培育機制、創新策略，推動企業永續發展，讓百年老店隨時代進步，不讓悠久品牌歷史成為包袱，而是寶貴的品牌資產，將新時代思維、技術綜合歷來的智慧結晶，再造下一個品牌百年。

12.2 製造業品牌

　　大部分做品牌都是B2C產業，所以常常有人誤解只有B2C有需要做品牌，其實就廣義而言，任何一家企業都要做品牌，也都有做品牌，就連做代工的企業也需要品牌。許多為品牌商代工的企業，以為自己不用做品牌，那是搞混了企業品牌與產品品牌。代工企業為品牌商製造產品，那是因為企業品牌做得好──品質、交期、價格、特殊製程……，而被品牌商挑選指定品牌。

　　B2B也是一個統稱，一般B2G企業賣產品服務給政府，通常也被歸類在B2B的範疇中，再加上企業可能處於產業供應鏈中的上、中、下游

的不同位置，B2B企業的客戶也不同於B2C企業，數量少很多，關係密切很多，採購決策複雜很多。

B2C品牌的做法，大部分可以應用在B2B品牌上，仍是有幾點比較大的差異：

1. 品牌商對於代工廠想做B2C的產品品牌，通常反彈很大，甚至抽單。其實任何一個企業想要向前垂直整合，都會遇到這種問題。這也意味著代工廠如果想要發展B2C的產品品牌，要有更高明且有彈性的做法，例如：分成不同地理區域、不同產業或不同定位、不同市場區隔。

2. 雖然B2C的行銷方式，很多可以應用在B2B上，但對於B2B行銷，現在也發展出一套專屬模型——主顧式行銷（account-based marketing），能更精準地與客戶接觸並建立合作關係。

3. 關鍵原物料廠商，可以應用「要素品牌」策略跟產業的中、下游和消費者溝通並獲利。

【B2B品牌成功方程式】

臺灣許多營運已數十年的B2B企業，過去非常依賴國外品牌商的代工訂單。當遇到抽單或毛利節節衰退問題時，不少企業開始發展自有品牌，也嘗試代理別人的品牌；甚至併購過別人的品牌，並努力改善產品形象包裝，到世界各地參展且拓展業務、找代理商。做品牌後又過度依賴代理商與經銷商，自己對顧客的掌握程度相當低，加上普遍缺乏傳播知識與概念，最終，品牌營運績效仍未見起色。

近年，隨著網路的崛起，訊息傳遞的快速及透明化，導致顧客需求及消費型態改變，尤其衝擊以B2B為主的傳統製造業。各企業開始體認到，不能再單純以成本考量的製造模式，為主要經營思維，必須要「從製造轉型為服務」、「用軟性服務提升硬體價值」，以「製造服務化」來提升更多的品牌價值。

B2B企業從OEM、ODM到OBM的發展過程中，走得不順遂的主要原因，可歸納欠缺以下四點：

1. 過度專注B2B營運模式，不清楚B2C市場，無法從消費者角度思考。
2. 缺乏服務邏輯思考，不重視對顧客的品牌價值提升，過度講求降低成本。
3. 發展過多品牌，品牌力量混亂不集中，導致品牌行銷資源無法集中，造成品牌認知混淆與模糊。
4. 先賺錢再花錢，捨不得先投資品牌傳播，想的是賺了錢再從中編列預算，很少一開始就將品牌傳播，認真當成品牌投資來看，造成惡性循環。

B2B品牌成功方程式，主要仍應注入服務主導的觀念，甚至可思考發展要素品牌，當產品品牌發展過多時，就應該思考品牌組合策略，以及做好由內而外強化品牌拉力的品牌傳播，才能讓B2B企業更順利轉型至OBM，成功自創品牌。

【製造業品牌案例】

進典工業──臺灣隱形冠軍，成功打下亞洲控制閥領導

JDV進典為專業控制閥製造廠商，閥，乍看下也許很陌生，但其實它就是充斥日常生活中的各種「門／開關」，舉凡控制水龍頭的出水量

大小、瓦斯供氣多寡等，日常生活中，只要閥出狀況便會產生如漏水、漏氣、漏油，一個不小心可能會引發一連串的氣爆等問題，由此，我們便可看出閥的重要，更遑論於「工業場域」所使用的控制閥，若品質不夠精良、穩定性不夠高，公安意外與風險將大幅提升，更可能產生對使用廠商、生產人員、周邊地區的重大危害。

JDV進典1991年新增「JDV」自有品牌、2000年從OEM代工朝向自有國際品牌發展，並在2013年智融集團、中鋼集團及兆豐金控陸續加入營運陣容後，積極加速品牌國際化進程，目標成為「大中華金屬密封控制閥產業領導品牌」，最大的挑戰莫過於從代工轉品牌，需確立（新）品牌於市場定位，同時JDV進典挑戰品牌國際化，必須與其他國際技術大國——德、日、美一同較勁，努力打破客戶對歐、美、日品牌迷思，相信JDV進典有堅韌的品質與研發實力，唯有確立自身的品牌價值主張、明晰的市場定位，再藉由多種管道鎖定目標對象進行品牌溝通，以建立品牌知名度，產生口碑，提升品牌指名度，塑造品牌高度。

進典工業總經理范義鑫道出「公安，只有零或100分，控管風險絕對要細緻到極點」，從產品本身出發首先需要告知消費者JDV進典是極致「安全」、「可信賴」之產品，因此透過具有公信力與高度的獎項和認證（臺灣精品獎、TIPS認證、工安SIL），從旁有力證明產品足夠「安全、可信賴」，並透過世界最嚴苛的環境強調產品特性與絕佳品質，為客戶創造不同凡響的安全，由此設定「亞洲金屬密封控制閥領導品牌——臺灣精品品牌」作為溝通主軸；設定議題後，以企業決策者作為主力傳播對象，因此媒體選擇以產經管理之大眾媒體為主，戶外媒體OOH為輔之整合溝通，統一品牌溝通主軸，串聯電視／報紙／網路／雜誌新聞專題報導為主，搭配形象廣告戶外OOH（高鐵）等，以及非付費媒體之公關議題報導，增加品牌認知度與顧客指名度。

以媒體訊息露出展示JDV的品牌價值，吸引企業興趣後，JDV也進行官方網站優化與關鍵字行銷，使JDV經由媒體大量曝光後，潛在客戶更易線上搜尋，能夠透過互聯網與JDV接觸與交易，於此同時，

改造官網形象、增加多國語言進行數位行銷管理、開立e化型錄（型錄APP），使客戶在主動搜尋JDV後，在各個地方的接觸都能夠符合一致的「安全、專業、可信賴、產業龍頭」形象；再者，將業務人員提升為技術顧問並建立客服中心，讓業務可以直接參與、回應或處理EPC、代理商、客戶所遭遇的設計與維護上的問題，藉強化客戶服務、即時回應通路諮詢，提高品牌「專業能力與信賴價值」，以符合「專業、可信賴之領導品牌」形象。

除了網路平臺的搜尋與接觸，藉由國際展會的現場活動、展示、互動與體驗，讓客戶走入展覽，主動接觸，主打「全球最先進的金屬密封技術」，搶占「金屬密封技術」此一技術專業與領導地位，加深客戶印象、提升品牌形象、促進品牌氣勢活絡；參加國際化工展同時期舉辦專業技術論壇，邀集產官學三方共同聚焦討論「石化製程安全」、「閥門控制技術」、「環保安全」等三大議題，為公共安全及產能效率提升盡心力，深化與政府、民間公司等更多客戶密切關係、掌握產業發話權與建立品牌高度，而後，《經濟日報》進行全版座談會內文轉載、聯合財經網以專欄方式進行露出，再次主動將品牌價值與力量投遞給企業決策者，強化JDV穩定、安全、可靠、環保印象。

JDV進典連續兩年拿下臺灣精品獎，成就臺灣隱形冠軍封號、創造超過200則亮點報導（原0則）。官網藉由Yahoo及Google關鍵字廣告與SEO搜尋引擎優化，品牌字點閱率超過100%，搜尋排序第一頁，執行期間在臺業績翻漲三成，成功打下大中華金屬密封控制閥產業領導地位。

12.3 服務業品牌

服務業通常有場域、有服務人員、有專屬的服務流程，這些特性讓服務業在打造品牌時，跟製造業有一些不同。

在服務業的品牌新創時期，如果是企業集團中新誕生的品牌，在品牌的命名上，比較多是採取「主品牌＋背書品牌」形式，主品牌是新的名稱，而企業品牌當作背書品牌，這種命名方式，也常常出現在被購併的品牌中，爲了保留原品牌的形象與客源，主併品牌，大都先採取背書的形式，過了幾年之後，再考慮改成「主品牌＋子品牌」形式，例如：萬豪酒店集團。

　　在服務業品牌中有一種取得授權經營的形式，例如：威斯汀（Westin），以WESTIN爲主品牌＋地區描述字。

　　雲朗觀光集團則是走另一種品牌組合方式。君品、雲品、兆品、頤品，皆以第二個字「品」來背書所有的品牌。

　　除了在品牌命名與人、流程與實體象徵需要注入品牌元素外，服務業品牌的國際化相對比較困難。產品只要改包裝文字，電器只要改成符合當地法規，就可以全世界販售，但服務業一旦出了國門，語言的不同或文化的接受度都是重大的考驗，各國的員工訓練也是挑戰，商業空間設計及制服、器具，甚至是停車場，這些會影響到消費者體驗的接觸點，都必須符合品牌的核心價值與個性。

　　服務業品牌的打造過程，員工、服務流程與實體象徵扮演極爲重要的角色，因爲這些是顧客感受最深刻的品牌觸點，所以品牌內化的工作，比製造業來得更重要。

【服務業品牌案例】

　　媽媽餵Mamaway——從裡到外，貼心陪伴懷孕媽媽的一千天

　　媽媽餵（Mamaway）創立於2004年，致力爲孕婦及嬰幼兒提供優質的機能服飾及母嬰用品，且針對育兒困擾提供解決方案，然其品牌創辦人來自一名眞正的母親看見市場上的需求，從使用者經驗出發，並持續認眞傾聽使用者的聲音以進行商品開發與改良；然而，因爲新時代消費習慣的改變，即使媽媽餵是網路早發開拓者，仍面臨數位消費時代的

種種考驗，由此，媽媽餵除了持續經營線下實體網絡，更致力於打造線上社群網絡，創造與串聯線上與線下媽媽社團，提供相關衛教知識、形成支持產品／品牌的媽媽圈，並打造圈內好口碑，讓品牌能夠確實的透過產品服務顧客，使顧客成為粉絲，成為推廣大使。

　　媽媽餵（Mamaway）創辦人劉桂溱第二個小孩剛出生，從其他媽媽口中得知國外網站有「哺乳衣」，讓媽媽出門在外可以便利的哺乳，不再受限於哺乳室，臺灣通路跟網拍購得的哺乳衣從布料到款式都十分陽春，讓創辦人劉桂溱不禁心想「這麼好的東西為什麼臺灣沒有呢？」。

　　1991年左右行政院衛生署保健處即著手擬定母乳哺育推廣計畫，同期，世界衛生組織2002年的嬰幼兒餵食全球策略——呼籲各國政府確保所有健康及相關部門保護、鼓勵及支持純母乳哺育六個月，雖當時國內母乳哺育盛行率偏低，但從世界潮流、國家政策以至於自身需求，創辦人劉桂溱即嗅出市場潛力，並開始到美國、日本、新加坡、歐洲等知名網站去購買跟比較各款哺乳衣，思考使用者最在乎的哺乳衣標準即為——舒適、好看、方便。

　　一般的產品開發者若一開始沒有考量到懷孕後媽媽產生的身材變化與感受，可能好穿不好看或者好看不好穿，無法同時兼顧「時裝」與「功能哺乳衣」雙重特性，由此，創辦人劉桂溱善用臺灣身為紡織強國的資源——原料取得容易、代工廠多，開始尋找各款布料、與打版師打版討論各種設計，開始了產品開發的過程，即便臺灣沒有廠商真正著手做過哺乳衣、創辦人過往沒有服裝設計的相關背景，但身為哺乳衣市場的消費者，劉桂溱創辦人從滿足消費者需求的角度設計哺乳衣，例如：怎樣的開口可以讓媽媽在捷運、公車上等公共場所，隨時哺乳而不尷尬，同時讓媽媽停止哺乳後，仍可將哺乳衣作為外出、休閒服，延長哺乳衣的價值，把持「時裝」與「功能」雙需求，做出自己也想要的哺乳衣。

　　創辦人創業初期除了要學製作哺乳衣外，還得常常往醫院產房或月

子中心跑，告訴大家餵母乳的重要，即便藉由政府推動，臺灣已逐漸提倡哺育母乳的觀念，但唯有讓哺乳成為產後媽媽的生活一部分，才有機會讓媽媽們知道哺乳衣的方便性。

在衛教知識推廣之餘，產品販售與經營一開始朝網路低風險的方向前進，一年花9,000元架一個網站，同時，透過幾家月子中心與拍賣網站的賣家聯繫、拜訪，甚至找熟悉的媽媽寄賣、學DHC的郵購、找認識的攝影師拍型錄，歷經不到一年（2004年）開始有了營收，在過程中也發現，只要產品反應好，孕婦與孕婦間有強大的社群連結與口碑推薦，即可讓公司倍數成長。

隨著品牌與口碑的建立，媽媽餵也走入實體店面，對於創辦人來說實體店面才是最重要的接觸場域與戰場，從網購起家、由口碑帶領熱潮，但是實體店面的接觸與服務，才能透過更多實體交流、指導來服務媽媽顧客們，確實解決媽媽的各種難題，讓網路上的各路媽媽，都能夠回到線下社群，實際體驗。

打造實體店面的環境，以及人員的教育訓練變成不二重點，例如：員工本身即是懷孕媽媽、新手媽媽、富有經驗的媽媽等，媽媽餵的實體店面不僅僅提供「購買產品」的功能，更是提供「解決方案」、「社群交流」、「社區服務」的場所。

創辦人談到，每位媽媽們心中的苦就是大家在懷孕的時候背負來自四面八方的壓力，甚至連關心都成為壓力，然而沒有人能夠與她共同分擔，都只能獨自承受，由此創辦人形容媽媽餵的實體店面打造一個互相聊天、交流、傾訴的親暱環境，有如「美容院」，店面的尺寸皆為固定、不能太大，在這裡可以找到媽媽共同的煩惱，更能夠解決彼此的難題；購物後，購買的不僅僅是商品，有更多是來自社群的滿足感，而媽媽餵的實體店面成為媽媽的集中交流站，其角色便是「關懷、陪伴」，讓每一位媽媽均能夠更加從容、自信的解決各種孕、哺、育等問題，媽媽不再是只能鎖在家裡獨自一人解決問題的苦命媽媽，而是自信、充滿活力的傳承新生命。

約莫在2007-2008年的全盛時期，在臺灣北、中、南地區就擁有50家門市，媽媽餵也進軍包括俄羅斯、英國等海外市場，直到2010年，媽媽餵在澳洲成立分公司，接下來陸續在印尼、上海等地設點，但從2014、2015年起，實體店面的來客數莫名降低，經過多層探索之後才發現，現代的消費者習慣先搜尋後購買，即便媽媽餵是網路早期開拓者，因沒有投注行銷投資，無法在網路上擁有好的搜尋結果，而網路部落客、網紅等的影響者社群建立，網路搜尋與評論成為消費者的購買指標，讓媽媽餵被遺忘，而後媽媽餵除優化品牌logo——Mamaway新的皇冠標識，象徵一家三口緊密相連其樂融融的景象，代表著媽媽對家庭美滿永無止盡的追求，同時改版官網、積極經營臉書社群、善用LINE即時又貼身的特性等，從線上到線下皆落實媽媽餵品牌精神——藉由Mamaway的陪伴與支持，使媽媽的腳步更加輕盈、自在、堅定，做媽媽也可以一樣自信、輕鬆，遊刃有餘。

　　不同社群平臺各自進行內容分流，例如：Facebook粉絲團傳播孕哺育兒相關時事、趣聞、衛教資訊，以及線上民調等即時話題；Instagram則以品牌Q版人物圖，用短文、投票、趣味的方式，吸引粉絲目光；Pinterest建立孕哺衣穿搭、流行趨勢等相簿，回歸到媽媽餵服飾品牌定位；長篇幅說明的衛教知識則以部落格型態經營，如母乳知識、哺育相關資訊等；因應影音媒體逐漸茁壯，媽媽餵也積極經營YouTube頻道，除了品牌形象、商品影片等，並設立教學專區，讓一些因為帶小孩沒辦法出門的媽媽，在線上就可以直接學會背巾、背帶使用方式等。

　　LINE則有兩大類別——官方帳號與社群／客戶服務，消費者能夠透過LINE官方帳號即時推播孕哺專業知識、新產品、活動、優惠訊息等；社群服務在此舉例說明——媽媽餵一款吸乳器產品，剛上市時推出40天體驗方案，有參加方案的人皆加入LINE群組，LINE的經營者線上客服會記錄體驗者的孕產過程並排定時間表，產後第幾天要打電話給媽媽，告訴她要做什麼事，從提供產品使用經驗到貼身媽媽導師與陪伴者，從使用者經驗出發，形塑良好產品與品牌形象；更特別的是，在官

網商品介紹與販售的介面，不僅僅陳列商品，在商品陳列前，介紹商品如何使用、使用優點、重要性與相關產品知識。

於2019年下半年已推出媽媽餵品牌APP，內容結合孕哺知識、孕期紀錄、哺乳家教、育兒課程、媽媽社群等功能，要讓媽媽從懷孕開始就得到最正確的資訊，免去網路搜尋錯誤資訊之苦。獨特的哺乳家教課程，帶領媽媽從產後初乳開始，一直到月子期追奶，直至奶量供需平衡，一路上都由APP家教扮演提醒、鼓勵角色，讓媽媽產後哺乳不孤單。

除了以上社群經營外，媽媽餵再藉由官網開設線上媽媽教室、媽媽百科等專區，並同步經營新手爸媽體驗營、媽媽趴趴走、媽媽教室等實體活動，維持實體店面的功能不僅於銷售，更鞏固社群凝聚力與口碑，協助每個階段的爸爸、媽媽面對自己與新生命的狀態。

媽媽餵的CRM顧客關懷即從孕媽咪加入官網會員時，留下預產期資料，由媽媽餵CRM系統按照顧客預產期階段，投遞相對應的衛教資訊，例如：懷孕幾週該做什麼產檢項目，孕媽和胎兒的生理變化，這階段需要購買的孕產商品等。讓媽媽按照孕期收到實用的衛教資訊，同時促進商品購物行為。

服務不僅僅是產品，而是完整的解決方案，從線上到線下擁有一致的優質體驗，讓體驗與關懷不分線上線下、無微不至，打造完整媽媽經驗交流社群平臺，形塑口碑與品牌黏著度，擴散影響力，同時，藉由使用者頻繁的心得交流與經驗分享，持續研發與創新產品，秉持從使用者經驗角度出發，提供符合市場需求、解決方案的商品。

媽媽餵重新調整過行銷策略後，網站自然流量占比從29%上升到36%，表示消費者對品牌認識度的提升；消費者的使用體驗，是媽媽餵最寶貴的資產，其建立產品口碑庫，打造產品社群（全球Mamaway的產品使用心得http://reviews.mamaway.com/），社群流量引流比例從9%上升至12%；同時，媽媽餵的線上、線下串聯活動——免費兌換芬蘭箱，兌換比率從51%上升至67%，衝高會員量，且2019年底臺灣擴增至

50間店面以上。

線上、線下串聯活動（補充參考資料）：

1. 孕媽咪免費兌換芬蘭嬰兒床活動：孕媽咪憑孕婦手冊，到媽媽餵實體門市即可免費兌換芬蘭嬰兒床（https://tw.mamaway.com/web-page/23），從2017年中推出即造成轟動，至今仍是孕媽圈最熱門的話題，社群分享傳播讓此活動自然聲量居高不下。媽媽餵也針對芬蘭嬰兒床於線上舉辦創意布置比賽，收到許多巧手創意使用照片（https://tw.mamaway.com/pregnancy-nursing-breastfeeding/?p=7306）。

2. 參考資料

   https://www.hpa.gov.tw/Pages/Detail.aspx?nodeid=506&pid=463

   https://madebyyou.fb.com/tw/story/mamaway/

   https://ec.ltn.com.tw/article/paper/44882

   https://www.ettoday.net/news/20170205/860764.htm

王品集團 —— 統一核心、各自發展的多品牌餐飲集團，服務回歸受眾體驗的餐飲之旅

走在街頭，從攤販到店面，沒幾步路就會看到新穎的餐飲店家，會做菜就可以開餐廳嗎？創業熱潮中總見到各店家百花齊放，但更多的是無法持續保持顧客滿意的菜色與服務，經營沒多久就消失無蹤，雖說如此，可以發現每個攤位都懂得打理店面與餐點形象，不若以往僅是毫無裝飾的簡單攤車與食物，各商家希冀藉由如此創造更多亮點、話題、形象宣傳，進而吸引消費者，但是餐飲業行銷絕不僅於製作美味料理、陳設漂亮店面、擺設浮誇餐點，更需要回歸消費者對於飽食需求外，那需被滿足的美好用餐體驗。

行銷大師柯特勒（Philip Kotler）曾說：「好餐廳的美食和用餐體驗同樣重要」，對人們來說，「吃」不再只是出於生理欲望的活動，更內含了社交與精神價值的內涵；人不僅藉由「吃」獲得溫飽，更從中獲得有趣的生活經驗，如今，餐飲業已進入重視感官體驗甚於滿足口腹

之欲，美味餐點僅是基礎要求，料理若不好吃，客人不再光顧便注定失敗，因此除餐點誘因，下一步便要照顧消費者的「用餐（過程）體驗」，創造消費者願意持續至某家餐廳用餐的價值，如親切、貼心的服務人員、美麗的裝潢與用餐氣氛，甚至是爲客人準備生日蛋糕、拍生日紀念照等，讓客人留下難忘的回憶。但柯特勒又補充說：「每一店家都會提供服務，但你面臨的挑戰是，如何陪著你的顧客體驗一場令人難忘的經驗」，在此便顯現目標客層的需求決定體驗設計，也決定品牌定位的走向，明晰的單一品牌定位都不容易樹立，若擴展成集團底下有眾多同業品牌，又該如何區隔市場，做好品牌管理？

臺灣餐飲業傳奇——王品餐飲集團，陸續創造十一個各自差異化，但整體具綜效的連鎖餐飲品牌，將帶我們看到其明確的品牌定位、多品牌管理的核心技術，一窺餐飲業的品牌經營寶典。

王品餐飲集團整理出餐廳爲客人服務的三大事項，並以其作爲與消費者關係的最高指導原則，分別爲「菜色研發」、「顧客服務」及「用餐氣氛」三大核心，這三件事位於三個角落，且以品牌定位爲中心，繪成一個三角形，王品集團稱爲「紅三角酷」；若從消費者餐飲消費流程體驗，則可劃分爲入店前（各類行銷活動議題、文宣、使用的傳播工具）、入店後（餐廳logo、裝潢、陳設、播放音樂、空間氣味等）、餐前（桌面擺設、菜單）、餐中（餐具、菜色）及餐後（上化妝間、結帳）的不同經歷，重點是要藉由統一的品牌體驗，打造顧客品牌的一致認知。

王品集團雖旗下有多項品牌，卻不離王品此一企業品牌的核心，其透過整齊劃一的菜單設計（王品集團的每間店皆採取統一單價套餐組合進行販售）、顧客服務打造王品餐飲集團的品牌形象，又經由各種不同的品牌風格與調性訓練服務人員、店內裝潢與風格、餐盤選購、餐廳活動等來區隔各店家的不同特色。

● 12.4 地方品牌

地方品牌（place branding）是國家品牌、區域品牌、城市品牌的統稱，每一地方都在競逐人才、產業與旅遊，所以地方也是發展品牌的重要標的。網友們比較著究竟去沖繩，抑或到墾丁旅遊比較划算；各縣市政府努力招商創造就業，這些都是地方品牌的問題。會展、承辦運動賽事與節慶活動，推廣地方品牌的三種重要工具，都會帶動旅遊觀光的人潮。

大部分的地方命名是從以前延續下來，除了少數像韓國的漢城改成首爾之外，在品牌工作的挑戰，會在「品牌定位」這件事。對城市而言要與國內城市競爭，也得與鄰近國家的城市競爭；在旅遊景點而言，面臨相同問題，一個獨特可行的定位，才能讓一個地方在人口的定居、商業發展與觀光旅遊得以蓬勃發展。

【城市品牌案例】

挖掘在地特色，凝聚城市力量的臺東好物

呼應經濟部中小企業處推動OTOP之政策，臺東縣政府對於地方特色產業發展與深耕持續投入心力，相繼挹注資源協助地方特色產業發展，「臺東好物品牌形象輔導暨通路行銷整合發展計畫」推動臺東好物認證標章，不但可以提供民眾購買之選擇依據，也可以增加臺東好物與各縣市政府的伴手禮之差別感，成功帶動臺東縣地方特色產業之發展與知名度，凝聚臺東縣地方特色產業及旅宿業者，讓臺東縣地方特色產業發展更上一層樓。

臺東縣地方特色產業商家眾多，多數業者多以代工生產或小規模的區域販售，而各自為政的經營模式使得業者上架通路管道受限，許多具特色的產品無法在消費者間廣為流傳，因此難有效拓展市場規模，提升行銷利潤；除此之外，業者多沿襲既有產品組合，鮮少開發新品且產品特色容易隨著知名度的提升而遭遇複製、抄襲等問題，所以在發展上常

因缺乏創新、競爭加劇而面臨到經營面的挑戰。

臺東縣地方特色產業面臨產品為數眾多，但缺乏整合、產品創新度不足，並且仍以「產品導向」作為經營方針，較缺乏行銷能力，未能在消費者心中建立起獨特的品牌價值與形象。

首先，臺東縣政府導入產官學界專家輔導團進行產業類別診斷與深入訪視調查，加值產品與服務、改善產品創新度不足的問題，並串聯起臺東當地業者，旅遊伴手禮、旅宿、甚至是餐廳等，尋找共同在地元素，讓異業結合，使產品更具開發價值，利用在地元素創造話題性，強化業者在國內外產業市場上的競爭力。

找到共同在地元素、異業結盟，將產業整合後，進而建立「臺東好物」標章機制與標章設計，推動「臺東好物」品牌，強化「臺東好物＝優質品牌」的形象，讓消費者對臺東好物產生認同感與信心，提供遊客對伴手禮的識別選擇。

同時，藉由通路、廣宣、活動等行銷工具增加品牌曝光率，如建立虛擬、實體通路經營，提供多元且便利的購買管道；利用多元媒體管道進行宣傳，如平面報紙、雜誌，電視、網路、電子報、社群（臺東好物微網誌社群平臺）等電子及數位媒體，提升臺東好物品牌知名度，並滿足消費者即時訊息取得需求，以及透過展售活動辦理，增加臺東好物國內外能見度，也順帶試探通路機會，促進更多元化的消費族群了解臺東縣地方特色產業，加深對臺東好物之印象，創造可行的銷售據點及販售模式，刺激源源不斷的消費商機。

建立「臺東好物」品牌識別後，透過多元管道宣傳、曝光與傳達其涵義及核心價值，「臺東好物」已成為臺東在地特色產業的代表之一，經由臺東好物遴選機制，3年間已選出高達87家業者、287件商品獲得臺東好物標章認證，是臺東伴手禮選擇參考的重要指標，並媒合在地觀光、旅宿、通路產業之合作，串聯體驗遊程、優惠券、商品上架等內容，作為在地觀光資源整合的模範之一。

透過品牌行銷與通路媒合等執行內容，使臺東好物在多元的虛擬及

實體管道上曝光及銷售，甚至成功帶動產品推向國際，打開中國及香港等市場，更創造出超過新臺幣1億元營業額，且於2018年正式成立由民間業者團結發起、地方政府計畫的協助「臺東好物協會」，期永續發展、自主營運，延續臺東好物品牌推廣，以及行銷臺東在地特色產品與產業。

國家品牌

鏈結世界的亞洲新創基地！

GEC＋Taipei 2018全球創業大會讓臺灣被看見！

為鼓勵臺灣新創接軌國際，促進國際新創交流，經濟部中小企業處將2017年臺北世界大學運動會選手村場域活化為Startup Terrace林口新創園，結合鄰近產業供應鏈及場域實證空間，期能成為國際新創來臺發展的最佳場域，但依據2018年全球創業精神暨發展報告指出，臺灣綜合排名位居亞洲區第三，然細部評比顯示臺灣國際化程度較低，意味我國創新創業必須更積極鏈結國際市場，協助服務商品拓銷發展。由此，臺灣需先增加國際曝光度進而提升我國全球知名度及國際排名。

在臺美雙方數位經濟合作架構下，為留住與吸引人才，持續雙方經濟發展，特別引介國際創業生態系重要平臺——全球創業網絡（Global Entrepreneurship Network, GEN），與臺灣新創圈合作國際創業生態系，藉與GEN於9月26日至29日在臺北共同合辦全球創業大會（Global Entrepreneurship Congress Plus, GEC＋）結盟國際成員，促成跨國合作宣言，透過成員間創業資源共享，發起「gAsia Pass創業數位公民卡」，推動雙邊和多邊制度化合作與連結，並擴大推廣臺灣新創聚落與生態系之全球及投資宣傳管道，吸引國際新創進駐林口新創園區，推動臺灣產業AI化與國際接軌的使命。

因應世界潮流及分析臺灣優勢，GEC＋Taipei全球創業大會將活動主題設定為「Enabling Social Impact with AI＋IoT智慧物聯創新社

會」，展現臺灣在人工智能及物聯網創新應用之軟硬體整合實力，並規劃多元活動展現臺灣新創特色與優勢——2場國際記者會、2場會前會議、10大分論壇平行會議與平行活動、2場交流晚宴、林口新創園區參訪、AIoT科技體驗展示，並與TIE臺灣創新技術博覽會跨領域合作，以及設計亞太第一張創業數位公民卡（gAsia Pass），累積臺灣新創國際曝光、促進多元交流商機媒合。

首先，主題分論壇召集各專業法人組織共同分工合作，突顯臺灣新創特色與優勢，使講師與議題多元——如，未來創業聚落、智慧地方、智慧企業、新世代創業教育、跨領域創新與產業未來（人工智慧及區塊鏈技術）、明日健康照護（醫療照護）、物聯網製造（開發、設計、製造、媒合）、未來區塊鏈創新應用，並辦理國際新創Pitch，鼓勵國內外新創、加速器提案獲得補助獎勵，以建設林口新創園，共同打造微型未來城市；再者，透過林口新創園區參訪、AIoT科技體驗展示，以及TIE臺灣創新技術博覽會跨領域合作展現臺灣創新實力與資源；且藉由創業數位公民卡（gAsia Pass），從政策出發提供租金優惠和獎勵補助，與亞太國家合作，打造區域新創生態圈。

本次GEC＋Taipei全球創業大會鎖定目標對象精準行銷，共發布七篇中文新聞、四篇英文新聞，以國際新創論壇科技化（AIoT／區塊鏈）、娛樂化（如國際巨星曾志偉參加、電影與區塊鏈討論）、國際化（臺印與多國合作、亞太創業新聚落）為設計規劃，邀請新創目標受眾國內外媒體擔任協辦媒體，如《數位時代》、Meet Taipei、FB；同時，連結GEN全球新創MD組織，以及國內外最大國際加速器單位共同協辦，邀請旗下會員參加，且於活動前一個月邀請唐鳳政委站臺舉辦啟動記者會，搭配唐鳳與新創社群等六大臉書直播，密集新聞曝光，廣邀國內新創業者共同參與；活動前則展開國際記者會，由外交部協助邀約19位國際記者團參加大會並進行國際報導；除此之外，為達活動擴散，每場分論壇全直播，提高接觸人數，對焦新創族群設定議題，透過新創聚落媒體，精準觸及目標群，達到精準行銷。

本次GEC＋Taipei全球創業大會共邀集107名講師與評審（來自全球22國58名及國內49名）、80位新創團隊成員等國內外新創圈人士參與，總共吸引814人與會。

　　經由GEC＋Taipei全球創業大會及gAsia Pass，在2018年9月26日於臺北國際會議中心舉行的GEN Asia會議中，臺灣、印度、韓國、泰國、紐西蘭與印尼等6國簽署gAsia Pass架構（gAsia Pass Framework），且我國已與印度簽署gAsia Pass合作協議（gAsia Pass Agreement），臺印將互相協助各自的新創團隊進入當地市場。

　　此外，多位國內外評審藉由本大會接洽新創團隊，對新創業者及投資人收穫豐碩；10隊國外新創IoT物聯網團隊，看上我國資通訊和物聯網技術優勢及研發設計與生產製造能量，已和臺灣業者建立關係，將成為林口新創園進駐對象業者。

　　全球最大加速器MassChallenge與我國DCB NBIC、資育公司、比翼資本（BE Capital）三機構合作推動Bridge to MassChallenge Taiwan專案，以林口新創園為基地，共同支持MC加速發展區域性跨領域健康科技新創與創新應用，成為GEC＋Taipei全球創業大會活動最大亮點。

參考文獻

中文部分

楊飛（2018）。《流量池》。臺北：采實文化。

艾瑞克・萊斯（2016）。《精實創業》。臺北：行人文化。

馬里奧・納塔雷利、蕾・普拉派爾（2019）。《品牌親密度》。臺北：日月
文化。

Avinash Dixit, Susan Skeath（2002）。《策略的賽局》。臺北：弘智文化。

布蘭登柏格、奈勒波夫（2004）。《競合策略》。臺北：臺灣培生教育。

符敦國（2019）。《角色行銷：透國12個角色原型——建立有型品牌》。臺
北：時報文化。

大衛・艾克（2002）。《品牌領導》。臺北：天下遠見。

大衛・愛格（1998）。《品牌行銷法則——如何打造強勢品牌？》。臺北：
商業周刊。

Kevin Lane Keller, Vanitha Swaminathan（2021）。《策略品牌管理》。臺北：
華泰。

邱志聖（2009）。《滾動吧，品牌！行銷全球的贏家策略》。臺北：天下遠
見。

邱志聖（2017）。《品牌策略與管理》。臺北：元照出版。

Scott M. Davis, Michael Dunn（2004）。《品牌行銷》。臺北：中衛發展中
心。

唐・舒爾茲、海蒂・舒爾茲（2004）。《IMC整合行銷傳播：創造行銷價值、
評估投資報酬的五大關鍵步驟》。臺北：美商麥格羅・希爾。

盧希鵬、商業周刊（2017）。《C2B逆商業時代：一次搞懂新零售、新製造、
新金融的33個創新實例》。臺北：商業周刊。

唐納・薩爾(2003)。《成功不墜》。臺北：天下文化。

Stephen P. Robbins, Timothy A. Judge（2017）。《組織行為學》。臺北：華泰
文化。

喬治・戴伊、大衛・雷伯斯坦（2005）。《華頓商學院——動態競爭策略》。臺北：商周出版。

傑弗瑞・菲弗、傑勒德・R・塞蘭尼克（2007）。《組織的外部控制：資源依賴理論》。臺北：聯經。

Eric Rasmusen（2003）。《賽局理論與訊息經濟》。臺北：五南圖書出版。

Pankaj Ghemawat（2002）。《經營策略與企業宏景》。臺北：華泰文化。

C. K.普哈拉、凡卡・雷馬斯瓦米（2003）。《消費者王朝——與顧客共創價值》。臺北：天下文化。

Scott Briker（2016）。《駭客行銷之道：集客X 流量一擊制勝，數位行銷力最大化》。臺北：果核文化。

劉盈君譯（2017）。《行銷4.0：新虛實融合時代贏得顧客的全思維》。臺北：天下文化。（原文Philip Kotler, Hermawan Kartajaya, Iwan Setiawan (2016). *Marketing 4.0: Moving from Traditional to Digital.*）

吳笑一、張永強、王曉鋒（2015）。《零售4.0：零售革命，邁入虛實整合的全通路時代》。臺北：天下文化。

埃德加・沙因（2014）。《組織文化與領導力》。中國人民大學出版社。

康納曼（2018）。《快思慢想》。臺北：天下文化。

瑪格麗特・馬克、卡羅・S・皮爾森（2002）。《很久很久以前……：以神話原型打造深植人心的品牌》。臺北：美商麥格羅・希爾。

尼克・南頓、傑克・迪克斯（2016）。《故事營銷有多重要：用終極故事和傳媒思維打造獨特品牌》。中國人民大學出版社。

麥可・波特（2019）。《競爭策略：產業環境及競爭者分析》。臺北：天下文化。

羅伯特・艾瑟羅德（2010）。《合作的競化：世界只有兩種選擇——合作，或不合作。什麼時候該合作，什麼時候不合作》。臺北：大塊文化。

傑克・屈特、艾爾・賴茲（2019）。《定位：在眾聲喧嘩的市場裡，進駐在消費者心靈的最佳方法》。臺北：臉譜。

克雷頓・克里斯汀生（2007）。《創新的兩難》。臺北：商周出版。

王育英、梁曉鶯譯（2000）。《體驗行銷》。臺北：經典傳訊。

克雷頓・克里斯汀生、邁可・雷諾（2017）。《創新者的解答：掌握破壞性創新的9大關鍵決策》。臺北：天下文化。

克雷頓・克里斯汀生、史考特・安東尼、艾力克・羅斯（2017）。《創新者的修練：對未來的預測，決定我們的策略選擇》。臺北：天下文化。

克雷頓・克里斯汀生、泰迪・霍爾、凱倫・狄倫、大衛・鄧肯（2017）。《創新的用途理論：掌握消費者選擇，創新不必碰運氣》。臺北：天下文化。

康士坦丁諾斯・馬基德斯、保羅・吉拉斯基（2005）。《後發制人：聰明企業如何不創新也能主宰新主場》。臺北：臉譜。

范冰（2016）。《成長駭客：未來十年最被需要的新型人才，用低成本的創意思考和分析技術，讓創業公司的用戶、流量與營收成長翻倍》。臺北：高寶。

林德國譯（2001）。《口碑行銷：如何引爆口耳相傳的神奇威力》。臺北：遠流。（原書Rosen, E. (2001). *The anatomy of buzz: how to create word-of-mouth marketing*. New York, NY: Doubleday.）

Mark Hughes（2005）著、李芳齡譯（譯）（2006）。《3張嘴傳遍全世界——口碑行銷威力大》。臺北：天下文化。

江雅雯（2018）。《整合行銷傳播、體驗行銷、體驗價值與遊客滿意關係之研究——以新營糖廠地景藝術節為例》。南臺科技大學碩士論文。

孫瑞穗（2013）。《在荒原上唱歌劇：文創產業入門》。臺北：麗文文化。

王柏鴻譯（2003）。《影響力》。臺北：時報文化。

中文網站

張瀚雲、Darren（2020）。Inbound Marketing集客式行銷全解析，2020全面布局數位通路。取自 https://darren-learn.com/集客式行銷-inboundmarketing/

林友琴（2016）。體驗創新再進化： 影音互動直播。數位時代。2016.11.01。取自https://www.bnext.com.tw/article/41319/innovation-live-video

Smart M. (2017)。傳統廣告不夠看！「體驗行銷」打造實質影響力，要消費者用別人的經驗買東西。2017-10-10。取自https://www.smartm.com.tw/

article/34313932cea3

動腦 Brain（2018）。社會議題選邊站：品牌的長期抗戰。2018-09-04。取自 https://www.brain.com.tw/news/articlecontent?ID=46912

翁祥維（2018）。直播經濟學竄紅　網紅引爆2檔概念股。Yahoo奇摩理財版。2018-08-23。取自https://tw.stock.yahoo.com/news/直播經濟學竄紅-網紅引爆2檔概念股-102230586.html

凱絡媒體週報。專題報告：體驗行銷整合電商服務，實體通路的反擊。2016-05-02，No. 843，取自https://twncarat.wordpress.com/2016/06/02/專題報告：體驗行銷整合電商服務，實體通路的反/

凱絡媒體週報（2019）。專題報告：小眾時代，微勢力崛起。2019-03-07，No. 984，取自https://twncarat.wordpress.com/專題報告：小眾時代，微勢力崛起/

凱絡媒體週報。專題報告：新零售時代的內容行銷觀點。2019-05-03，No. 992，取自https://twncarat.wordpress.com/2019/05/03/專題報告：新零售時代的內容行銷觀點/

凱絡媒體週報。創新體驗行銷，品牌五個機會點。2020-09-03，No. 1061，取自https://twncarat.wordpress.com/2020/09/03/創新體驗行銷-品牌5個機會點/

凱絡媒體週報。【影響力行銷系列】Lesson 1：揭密網紅讓粉絲爆買的2W1H。2020-10-15，No. 1067，取自https://twncarat.wordpress.com/2020/10/15/【影響力行銷系列】lesson1：揭密網紅讓粉絲爆買的2w1h/

英文部分

David A. Aaker (1991). *Managing brand equity: Capitalizing on the value of a brand name.* New York: The Free Press.

David A. Aaker (2004). *Brand portfolio strategy: Creating relevance, differentiation, energy, leverage, and clarity.* New York: The Free Press.

David A. Aaker (2011). *Brand relevance: Making competitors irrelevant.* Jossey-bass.

David A. Aaker (2018). *Creating Signature Stories: Strategic Messaging that Energizes, Persuades and Inspires.* Morgan James.

Richard Mosley, Lars Schmidt (2017). *Employer Branding for Dummies.* John Wiley & Sons.

Philip Kotler & Nancy Lee (2005). *Corporate social responsibility: Doing the most good for your company and your cause.* John Wiley & Sons.

Philip Kotler & Pfoertsch, Waldemar (2010). *Ingredient branding: Making the invisible visible.* Springer.

Vajre, Sangram (2016). *Account-Based Marketing for dummies.* For Dummies.

Hennig-Thurau et al. (2004). Electronic word-of-mouth via consumer-opinion platforms: What motivates consumers to articulate themselves on the Internet. *Journal of Interactive Marketing,*Volume 18, Issue 1, 2004, Pages 38-52.

Schmitt, B. H. (1999b). *Experiential Marketing: How to Get Customers to Sense, Feel, Think, Act, Relate to Your Company and Brands.* NY: Free Press.

Brown, D. & Hayes, N. (2008). *Influencer marketing: Who really influences your customers.* Burlington, MA: Butterworth-Heinemann.

Pine II, B. J. and Gilmore, J. H. (1998). Welcome to the Experience Economy. *Harvard Business Review,* 97-105.

英文網站

https://chiefmartec.com/2020/04/marketing-technology-landscape-2020-martech-5000/

https://chiefmartec.com/2020/01/marketing-stack-organized-periodic-table-martech/

國家圖書館出版品預行編目資料

行銷數位轉型下的品牌管理與傳播／陳一
香，陳茂鴻，吳秀倫，黃燕玲著. ーー初
版.ーー臺北市：五南圖書出版股份有限公
司，2021.03
　　面；　公分
ISBN 978-986-522-394-6 (平裝)

1.品牌　2.品牌行銷

496　　　　　　　　　　　109020641

1ZOS

行銷數位轉型下的
品牌管理與傳播

作　　者 ― 陳一香、陳茂鴻（254.5）、吳秀倫、黃燕玲

發 行 人 ― 楊榮川

總 經 理 ― 楊士清

總 編 輯 ― 楊秀麗

副總編輯 ― 陳念祖

責任編輯 ― 陳俐君

封面設計 ― 姚孝慈

出 版 者 ― 五南圖書出版股份有限公司

地　　址：106台北市大安區和平東路二段339號4樓

電　　話：(02)2705-5066　　傳　　真：(02)2706-6100

網　　址：https://www.wunan.com.tw

電子郵件：wunan@wunan.com.tw

劃撥帳號：01068953

戶　　名：五南圖書出版股份有限公司

法律顧問　林勝安律師事務所　林勝安律師

出版日期　2021年3月初版一刷

定　　價　新臺幣360元

※版權所有·欲利用本書內容，必須徵求本公司同意※

五南
WU-NAN

全新官方臉書

五南讀書趣

WUNAN
Books
since1966

Facebook 按讚

1秒變文青

★ 專業實用有趣
★ 搶先書籍開箱
★ 獨家優惠好康

不定期舉辦抽獎
贈書活動喔！！

 五南讀書趣 Wunan Books

經典永恆・名著常在

五十週年的獻禮 —— 經典名著文庫

五南，五十年了，半個世紀，人生旅程的一大半，走過來了。

思索著，邁向百年的未來歷程，能為知識界、文化學術界作些什麼？

在速食文化的生態下，有什麼值得讓人雋永品味的？

歷代經典・當今名著，經過時間的洗禮，千錘百鍊，流傳至今，光芒耀人；

不僅使我們能領悟前人的智慧，同時也增深加廣我們思考的深度與視野。

我們決心投入巨資，有計畫的系統梳選，成立「經典名著文庫」，

希望收入古今中外思想性的、充滿睿智與獨見的經典、名著。

這是一項理想性的、永續性的巨大出版工程。

不在意讀者的眾寡，只考慮它的學術價值，力求完整展現先哲思想的軌跡；

為知識界開啟一片智慧之窗，營造一座百花綻放的世界文明公園，

任君遨遊、取菁吸蜜、嘉惠學子！